U0929738

博弈心理学

人际交往中的操纵策略

GAME PSYCHOLOGY

墨 非◎编著

台海出版社

图书在版编目（CIP）数据

博弈心理学 / 墨非编著. —北京 ：台海出版社，2017. 3

ISBN 978 - 7 - 5168 - 1359 - 1

Ⅰ. ①博… Ⅱ. ①墨… Ⅲ. ①心理学－通俗读物 Ⅳ. ①B84 - 49

中国版本图书馆 CIP 数据核字（2017）第 065778 号

博弈心理学

编　　著：墨　非

责任编辑：俞滟荣　　　　责任印制：蔡　旭

出版发行：台海出版社

地　　址：北京市东城区景山东街 20 号　邮政编码：100009

电　　话：010－64041652（发行，邮购）

传　　真：010－84045799（总编室）

网　　址：www. taimeng. org. cn/thcbs/default. htm

E - mail ：thcbs@126. com

经　　销：全国各地新华书店

印　　刷：香河利华文化发展有限公司

本书如有破损、缺页、装订错误，请与本社联系调换

开　　本：710×1000　　1/16

字　　数：218 千字　　　印　　张：18

版　　次：2017 年 7 月第 1 版　　印　　次：2017 年 7 月第 1 次印刷

书　　号：ISBN 978 - 7 - 5168 - 1359 - 1

定　　价：39. 80 元

前言

PREFACE

人与人的交往和相处，其实就是心与心的博弈和较量。在职场、情场中，这种产生于人际博弈过程中的影响与反影响、猜测与反猜测、操控与反操控几乎无处不在。只有站在博弈层面的最高点，客观地看待，冷静地分析心理博弈的规律，并且塑造一颗强大的内心，培养一种缜密的思维方式，才能察觉他人对我们的操纵，用最有效的策略来制胜。

无疑，在这个充满竞争、冲突、猜疑的世界中，博弈十分有助于我们认识到问题的实质和找到更为理性、更为符合自身利益的选择。为了自己，也为了与他人更好地合作，你需要学习一点博弈论的策略思维，运用心理分析法去维护自己的权益，使自身的利益不受损害。本书分析了博弈论中极为经典的博弈论证法则，针对不同的人际互动情景，提供了各种独特且有效的应对策略，教你巧妙地运用人类共通的行为准则与心理机制，以四两拨千斤的神奇招数，征服人心、化解冲突、发挥个人的影响与魅力，让你能够按照自己的心境掌控局面，让你在每一场“心”对“心”的人际博弈中过关斩将，轻松享受心想事成的快意人生！

在与人交往中，如何扭转他人思维，做到进可攻退可守？如何能让他人无条件地信服你？在与商者讨价还价时，如何才能让自己处于有利位置？在谈判中，如何才能使自己不吃亏？没错，你只需要运用博弈论的思维去分析，看清楚对方所施行的策略，便可以操控整场心理博弈！

阅读本书，你不仅能够理解那些令人叹服的社会真实计谋，譬如乞丐为何只要 1 美元而不要 10 美元；巧妇为何要伴拙夫？鲜花为何要插在牛粪上？更能将书中提及的知识运用到生活之中：比如与商家如何讨价还价才能不吃亏？如何看穿并识破他人的心理计谋？如何避免受人控制，被他人"吃定"？如何走出"婚姻困境"？在谈判桌上，如何才能克敌制胜，制服他人？只要你能够领会本书中的博弈理论，便能够克敌制胜，将自己锻炼成策略高手，成为生活中的智者。

生活中，每个人都希望自己能够获胜，但是每一个人都有输赢的风险，每个人都要面对激烈的市场竞争，要想在激烈的竞争中立于不败之地，就要计算自己的所得利益，就要想办法最大化地实现自己的利益。这就要学会博弈论的基本理论，看清楚对手的计谋与现象的本质，掌握生活的隐规则，突破人生困境，做生活中的强者，成为最终的赢家。

愿此书伴你在人生的道路上顺利前行……

目 录

CONTENTS

第一章

博弈论：

一场事关人生成败的有趣游戏

1. 人生处处都博弈，善弈者便能立于不败之地

一位哲人说，人的一生无非是在不断重复地做两件事情：等待和决策。我们该上哪所学校、该选择什么样的专业、毕业后该考研还是就业、该选择什么样的单位或职业、该结交什么样的朋友、在谈判中该选择什么样的制胜策略，甚至该喝牛奶还是豆浆……都需要在某一特定的情况下做出相应的决策，而一些重要的决策会影响到我们一生的成败乃至命运。

当我们处于生活的十字路口，要在鱼与熊掌之间作出选择，要在突如其来的困境中拿出最佳的应对策略时，我们要么会捶胸顿足，要么就是冥思苦想，最终仍不知何去何从。但是博弈的出现，为我们打开了一扇了解这些复杂决策问题的智慧之门。博弈的过程便是一个永无休止的选择与决策的过程，当你掌握了这些智慧，不仅能从容地应对人生的每一项选择、每一项决策，还能让你在弱小的时候四两拨千斤，在强大时选择最优的策略，在迷茫时用独特的视角去看待世事，智慧应对，从而达到既定的目的。可以说，如果你懂得了博弈智慧，便能成为生活中的策略高手，在生存竞争中立于不败之地。

生活中，我们每个人可能都玩过“石头、剪子、布”的猜拳游戏。两个人先把一只手藏在背后，一声令下，手全部伸出，握紧的拳头代表石头，伸直的中指和食指代表剪刀，张开的手掌代表布。在这里，每一个手势都代表一个“武器”，决定胜负的原则为：石头砸剪刀，石头获胜；布被剪刀剪，剪子胜利；石头被布包裹，布胜利。双方出示同样的手势，表示平局。事实上，博弈论就是从这个简单的游戏中被人研究和衍生出来的，并且至今仍然从中不断地获

得灵感的理论，英文直接将“博弈”叫作“Game”便是这个原因。

博弈虽然由西方人创立，但在中国，很早的时候，人们所参与的围棋、局戏或者赌博，都是一种典型的博弈游戏。在运用博弈论的思维方面，我国古人早已经让西方人甘拜下风了。《三国演义》本身就蕴含了军事博弈较量，甚至早在战国时期，孙膑就会运用博弈论的思维来赢得赛马和战役了。

分析这些，就是告诉大家，“博弈”并非是一个高深的词汇，它是一种日常现象。我们在日常生活中经常需要分析他人的意图从而作出极为合理的行为选择，而所谓博弈就是行为者在一定的环境条件和规则下能够对自身条件和周围条件或所掌握的信息进行充分地分析之后，选择一定的行为或者策略加以实施，争取到最大的利益的过程。博弈的最终结果不仅仅取决于参与者的实力与策略，而且还主要取决于其他参与者的制约和策略。所以说，在博弈中，强大者未必胜券在握，而弱小者也未必永无出头之日，它是人与人之间智慧的较量，而非外在实力的较量。

一个由10人组成的团队共同生活在一起，每天都分食一锅粥。因为食物有限，人人都吃不饱。时间一久，矛盾便来了：个个都在抱怨不公平，都想用非暴力的方式去解决分粥难题，但是没有任何计量容器，怎么办呢？

其中一个人站出来说：“这件小事，我们只需运用博弈便能很好地解决了。”为此，他提出了以下5种方法进行试验：

方法一：拟定团队中的一人负责分粥事宜。几天后大家就发现这个人总为自己分得最多，于是便换了个人，结果总是主持分粥的人碗里的粥最多最好。为此，大家得出结论：权力导致腐败，绝对的权力导致绝对腐败。

方法二：团队中的人轮流进行分粥，每个人一天。虽然看起来算是平等了，但是每个人在一周中只有一天能够吃得饱而且还有剩余，其余9天都饥饿难耐。为此，大家得出结论：资源浪费。

方法三：大家共同选举出一位品德高尚的人，这样还基本上能够维持公平，但是几天后，他就开始为自己和那些溜须拍马的人多分。为此，大家得出结论：人都是有私心的，人不是机器，也不是神。

方法四：选举一个分粥委员会与一个监督委员会，形成监督和制约机制。这样一来，公平基本上是做到了，但是因为监督委员会经常提出多种议案，分粥委员会又据理力争，等粥分完，早已经凉了。为此，大家得出结论：现实中，如此类的政府或机构比比皆是！

方法五：每个人都轮流进行分粥，但是分粥的人最后一个领粥。结果，每次10个碗里的粥都是一样多，就像科学仪器量过的一样。

这是生活中一个极难解决的问题，但是以博弈论来解决，最终让大家都高高兴兴地喝粥，这便是博弈论在生活中的妙用，让生活中的难题都迎刃而解。

每个人每天都要与上司、生意伙伴、亲人、朋友等人打交道，我们每天都生活在有形或者无形的谈判桌前。如果你掌握了博弈智慧，便可以让你运用成功的策略，达到商场顺利、职场得意、情场幸福的目标。

在商场中，你是否因为不会讨价还价，而被商家狠狠“宰”了一把而懊恨无比？

在生意场上，你是否因为一步小小的失误或错误的选择，而被竞争对手击得一败涂地？

在职场上，你是否因为找上司加薪未果，而置自己于不知进退的尴尬局面之中？

在社交场上，你是否因为不懂讲话策略，而让自己错失一位生意上的伙伴或贵人？

在朋友圈中，你是否因为不能对付一个总是借钱不还的朋友而烦恼不已？

在情场上，你是否因为不懂得如何应付女友或妻子而伤心不已？

那么，就赶快掌握一些博弈论的知识，并学着运用它们来为你解决这些难题吧！

2. 博弈是一场简单的“点石成金”的游戏

刘强是一家企业的经营者，某一次在与朋友闲聊时说：“我的助理丽莎越来越不像话了，虽然有能力，但什么活都不干，还整天对我抱怨工资太低，真令我头疼。我得给她点颜色看看。”

朋友说：“那就如她所愿——炒了她呗！”

刘强气愤地说：“好，我明天就让她走人。”“不！”刘强想了想又说，“那不是太便宜她了吗？应该明天给她涨工资，翻倍，过一个月之后再炒了她。”

朋友问：“为什么呢？既然要走，为什么还要给她一个月的薪水，而且还是双倍的薪水呢？”

刘强解释说：“如果现在让她走，她只不过是丢了一份普通的工作，她马上就可以到市场上再找到一份差不多同样水平薪水的工作。一个月之后再让她走，她丢掉的可是一份她不可能找得到的高薪工作。要报复她，就要先给她加薪才对。”

然而，一个月之后，刘强的“复仇”计划完全泡汤了，他发现丽莎的工作态度发生了转变，对工作尽心尽责，把各项工作都做得很出色，同时还帮助刘强谈下了一个100万的大订单。尽管她拿了双倍工资，但是她创造的价值却远远超过了所得的薪水。

这是老板与员工之间的一场博弈：老板刘强通过加薪的方法使员工发挥出最大的能力，促使员工一个劲儿地为自己卖力，获得最大收益。对于刘强来说，只是选择使用了一个“小小的策略”便给自己带来了最大的利润，达到了“点石成金”的效果。同时，丽莎也通过努力工作，获得了老板的重用与十分可观的薪水，实现了双赢的结果。

其实，每个企业内部都有不同的激励措施，但在普通的措施中却存在着员工与员工之间的博弈、员工与老板之间的博弈。博弈其实就是这样，看似简单，但是只要运用得当，获得的收益绝对超乎你的想象，这便是博弈论的魅力所在。

阿基米德说，给我一支杠杆，我能撬动整个地球。而博弈论便是现实社会中为人处世的“杠杆”，只要掌握其中的奥秘并善于利用，同样可以“撬动”最大的利益。总之，博弈论是我们思索现实世界、分析和解决现实问题的一套智慧工具。我们了解博弈，不单单是为了享受博弈分析的过程，而在于通过分析来解决现实问题，赢得更好的结局，获得最为智慧的方法，从而让自己人生的每一步都行得更为顺畅、成功。

3. 博弈论的分类与描述

博弈的分类根据不同的标准，有不同的分类。根据博弈论的研究成果，主要可以从以下 3 个标准进行分类。

第一个标准：依照参与人之间是否有合作来进行分类，博弈主要分为合作博弈和非合作博弈两大类。它们的主要区别就在于，相互发生作用的当事人之间有没有一个具有约束力的协议。如果有，便是合作博弈，如果没有，便是非合作博弈。

合作博弈在生活中极为常见，公司或企业之间的价格联盟便是十分典型的合作博弈。

在某城市的商业圈内集中了沃尔玛、家乐福、家润多、华联等几个大型的超市。因为太过集中，所以经常打促销战，造成销售净利率下降。为此，他们便分派代表，组成了一个价格联盟来限制各自的竞争行为，最终设置了一个惩罚机制，比如你在家乐福经常会看到：如果顾客在5公里之内在同等规模的超市内发现更低价，我们将双倍退还差价。这样消费者就承担起了发现价格下降的信息提供者的职能，如果一个商场降了价，其他商场便会联合起来更大幅度地降价，从而可以从根本上约束单个厂商的行为。

在上述各大超市的博弈中，为了防止出现竞争趋向恶性化，其相互之间便成立了价格联盟，形成了合作态势，便是合作博弈。

非合作博弈在生活中也很常见，公司或企业之间的完全价格竞争，便是十分典型的非合作博弈。生活中，我们经常会遇到各种各样的家电价格大战，彩电大战、冰箱大战、空调大战、微波炉大战……这些大战的受益者首先是消费者。每当看到一种家电产品的价格大战，百姓们都会“没事偷着乐”。价格战的结果便是谁都没钱赚，因为博弈方的利润正好是零，甚至是负数，这便是非合作博弈。

这个结果可能对消费者来说是有利的，但是对于厂家而言却是灾难性的，所以，价格战对厂商而言就意味着自杀。

第二个标准：从行为的时间序列性，博弈论进一步分为两类：静态博弈与动态博弈。静态博弈主要是指在博弈中，参与人同时选择或虽非同时选择但后行动者并不知道先行动者采取了什么具体行动；而动态博弈是指在博弈中，参与人的行动有先后的顺序，且后行动者能够观察或得知先行动者所选择的行动。

比如“囚徒困境”就是博弈双方同时决策的，就是十分典型的静态博弈。静态博弈在生活中经常出现，比如谁都希望自己能够找到一个最为合适的异性作为伴侣，但是老天爷在你生命中安排的异性并不是同时出现任你挑选的。当你遇到一个心仪的对象时，因为没有可挑选性，所以，你也并不知道他是否真正地适合你，所以，只能一次性地做出选择：追求还是不追求。类似的情况还发生在企业招聘员工时，因为不了解应聘者的实际能力，仅凭文凭或一时的测试，并不能完全清楚对方的能力，所以，选择的难度便会加大。

消费者在面对铺天盖地的广告，要购买小至一包方便面，大到一所房子时，因为信息的不完全、不对称，使得选择的难度加大，所以只能凭借一些信号或者信息来判断，但是这些信号有真有假，要做出最优的决策，必须要学会甄别。

动态博弈在生活中最常见的莫过于棋牌类游戏，个体在做出决策或者行动时，是有先后顺序的，而且一方很清楚地知道对方的每一步决策。比如，几个人在玩扑克时，一个人出牌后，另一个人也会出牌。几个人在行动策略上有先后的顺序，谁先出牌，之后谁第二个，这是一个次序的过程。而且，每个人在出牌前都会考虑其他人的出牌策略，这是一个重复不断的过程，这便是动态博弈。

第三个标准：按照参与人对其他参与人的了解程度分为完全信息博弈和不完全信息博弈。完全信息博弈是指在博弈过程中，每一位参与人对其他参与人的特征、策略空间及收益函数有准确的信息。比如，两家知名品牌服饰的生产厂商，他们面对的消费群体是相同的，一家厂商定价高，那么这家厂商也会一直保持高价；一旦对方定价低，那么，该厂商也会降低价格，如果对方以后决定合作再提高价格，该厂商也会提高价格。在这个过程中，不同的价格所需要的成本及利润收益，彼此都很清楚，这便是完全信息博弈。

而如果参与人对其他参与人的特征、策略空间及收益函数信息了解得不够准确，或者不是对所有参与人的特征、策略空间及收益函数都有准确的信息，在这种情况下进行的博弈就是不完全信息博弈。即我们所熟悉的田忌赛马便是典型的不完全信息博弈，百事可乐和可口可乐的多次价格大战的博弈也属于不完全信息博弈。

博弈论除了上述几个分类外，还有其他的分类，比如，以博弈进行的次数或者持续长短可以分为有限博弈和无限博弈；以表现的形式可以分为一般型（战略型）博弈或者展开型博弈，等等。

4. 博弈是个体与个体之间选择与结果的互动过程

在一个情感类的电视节目中有两位嘉宾，其讨论的话题是：女人要嫁得好，还是要干得好。

其中一位嘉宾的观点是，女人嫁得好才是真的好，理由是，婚姻是女人一辈子的事业，只有找个有财富、有地位，又体贴的好老公，才能实现其一生最大的成就。

而另一位嘉宾的观点是，女人一定要干得好，理由是，人心是善变的，男人也是不可靠的。如果嫁了好老公，有一天男人变心，只会落得人财两空的悲惨下场。只有干得好，才能以不变应万变，真正地掌握命运的主动权，拥有独立的人格、坚实的生活保障，才能握得住真正的幸福。

这是两位嘉宾的一场博弈对决。对于上面的两种说法，到底哪一种是对的呢？

都是对的，又都是错的。是对是错，并不是由你决定的，而是由现实生活中女性所交往的具体对象以及对象所付出的“策略”所决定的。也就是说，女性朋友要根据自己所交往的男人的个性特点，以及自身的价值做出选择，而非盲目地认同哪一种观点。

生活中，大部分的生活理论或者教条都会被人死板地搬进现实生活中，认为所有人所处的世界是一样的，对同一个问题的反应也是一样的，也就是说所有的人都是一样的。但是要知道，人是有血有肉的个体，是不同的，是有变化的，而不是一个一成不变的机器。也就是说，博弈是一个选择与结果的互动过程。我们的选择必须要考虑其他人的选择，而其他人的选择也会考虑你的选择。你的结果不仅取决于你的行动选择，同时也取决于他人的策略选择。这也就像下象棋一样，你走一步，对方走一步，在行动策略上，有一个先后的顺序，谁先动第一步，之后谁动第二步。动态博弈既是一个重复博弈的过程，也是一个策略选择有次序的过程。

有这样一个故事。

在一家小型的旅馆中，一位住店的男青年走进厕所，突然有一个打扮得花枝招展的女郎以闪电般的速度跟着也进了厕所，并且迅速把厕所的门关上，对青年说道："把你的钱和手机给我，不然，我就喊你非礼。"

当时，厕所里并没有第三者，真相很难说清楚，不给钱，女郎就喊非礼，弄不好还会使自己声名狼藉。男青年遇此困境，并没有惊慌失措，而是急中生智，用手指指着自己张大的嘴巴，又指指自己的耳朵，然后"呜呜啊啊"地叫了起来。

女郎见事情不顺利，便想转身溜走，此时男青年掏出钢笔递给她，并将自己的手掌伸出来，示意女郎把刚才的话写在他的手掌上。

青年的这一动作是极为逼真的，女郎以为真的遇到了哑巴，便失去了警惕之心。她还想继续敲诈，便拿起笔在男青年的手上写道："把你的钱包和手机给我，不然就喊你非礼！"

这个青年取得了女郎的罪证，便一把将她抓住，大喊一声："抓抢劫犯！"

女郎是个惯犯，每天抢劫别人，没想到今天被人抓了。

在这场青年与女郎的博弈过程中，先是女郎去威胁青年，接着便是青年急中生智装哑巴，女郎与青年这一先一后的行为就表明博弈是一个选择与结果的互动过程。青年是根据女郎的威胁策略做出装哑巴的行动。但是在这里，这个博弈并未结束，随即青年又拿出笔，让女郎留下“罪证”，然后再喊“抓抢劫犯”。至此，整个博弈过程便结束了。

在这个过程中，每个局中人的举动显然是先根据对方的行动做出的，而且在做每一步行动之前，信息对他们都是公共的，即小伙子明白女郎想害她，而这位女郎则是位抢劫犯，而女郎则知道青年是个无辜的人，也是自己合适的下手对象。一方是好人，一方是犯人，这是两个局中人的基本状况。

了解博弈论的互动过程，主要是让我们明白，在生活中要用一种理性的思维方式去思考问题。我们在作决策的时候，要善于从抽象的条条框框或者社会的准则中跳出来，将注意力转移到对对手的认识和理解上，将对自身所观察到的事物的角度从自身的角度扩展到各个参与者的角度上，最终根据对方的选择做出明智的选择，让自己的人生之路走得更为顺利。

5. 博弈论的实质——看穿对手，巧妙地出招与获得最大收益

在意大利街头曾发生了这样一件事。

美国人向一位画家买画。第一位美国人问：“你的画多少钱？”

画家说：“15 美金。”说完之后，画家看到这个美国人没什么反应，猜想到：这个价钱他应该能够承受。于是就接着说：“15 美金是

黑白的，如果你要彩色的是20美金。”这个美国人还是没有什么反应，他又说道：“如果连框都买的话，只要30美金。”结果这个美国人便把彩色画连同相框都买了回去，以30美金成交。

接着又过来一位美国人问价时，画家也说是15美金。

这位美国人立刻大声喊叫：“隔壁才卖12美金，你怎么卖15美金？而且你的画技也不比人家的好！”

画家一看，立刻便改口说：“这样好了，15美金原本是黑白的，您这样说，15美金让您挑一幅彩色的怎么样？”

美国人继续抱怨：“我刚刚问的就是彩色的，谁问你是黑白的？”结果他以15美金既买了彩色画，又带走了相框。

这位意大利画家通过察言观色吃透了两位顾客不同的心理，然后又采用了智慧的应对策略，成功地达成了交易，实现了收益最大化，这便是商人与顾客的博弈对决。吃透人物的心理，智慧出击，获得收益，这也是博弈论的实质所在。

日常生活中，博弈的事例随处可见，尤其是在各种商业活动中。

在谈判桌上，双方为了获取最大利益，想方设法去琢磨对方的心思，然后再采用智慧的讲话策略，从而达到出奇制胜的目的，比如上述事例中的画家与顾客之间的对决。

业务员在向顾客推销产品的时候，其唯一的目的便是能够卖出自己的商品，从而获得收益，而顾客需不需要则是另一回事；对于顾客来说，花最少的钱买到自己最需要、最实惠的商品才是最为重要的。作为一个顾客，他早已经知道了业务员向自己搭话无非是想让自己掏钱包购买其商品，获得利益。于是，当业务员站在身边时，就给自己加了一道心理屏障：不管业务员说什么，都不要听。于是，顾客会采取各种各样的方法来拒绝业务员的推销，比如对业务员完全不理睬、对其厉声斥责以示回绝，或者会用一句礼貌的拒绝的话

“谢谢你，我不需要”等给予回绝。

在业务员这边，他便会事先对顾客的一系列反应进行深入的、详细的研究。根据顾客心理学的分析，业务员便可以针对顾客的不同类型了解到顾客的心理活动，从而找出顾客的弱点，适时地发出推销攻势，让顾客没有回绝的余地，最终只能乖乖地购买，业务员的利益便得到了最大的实现，这便是博弈论实质的体现过程。

其实，类似的事例处处可见。在商场中，商家为了能够卖出自己的商品，会变着花样打出各种各样的促销手段，比如打折、返券、买一送一等，表面上看商家是为了顾客能够得到“实惠”着想，而实际上则是抓住了顾客的心理特点，“瘦了”顾客，“肥了”自己。

要知道，博弈的最终目的便是要获得最大的收益，使自己的利益最大化。所以，我们了解博弈的实质就是要你先去分析对方的心理特点或意图，先吃透对方，不被其表层的现象所迷惑，从而做出最佳的应对策略，获得最大的收益。

6. 静态博弈制胜策略：用对手的眼睛看世界

赤壁之战后，曹操的83万大军被孙刘打败后，落荒而逃。当时诸葛亮根据地形料定曹操会经乌林方向逃回自己的大本营许都，而乌林则是位于刘备当时的控制范围之内。于是，便派张飞、赵云在道中设下埋伏，斩杀曹操剩余的残兵败将，而唯独不派关羽前去应战。

关羽便十分着急，问诸葛亮为何不派他过去应战？孔明笑着说，昔日曹操有恩于你，你前去把守，定会念及旧情放曹操一条生路。关羽则当即表态，自己决不会释放曹操，并立下军令状，如果释放曹操，甘受军法处置。

诸葛亮这才勉强答应了关羽的请求，便派他到华容道把守。果然不出所料，曹操带领残军经过乌林方向，依次被张飞和赵云的埋伏所袭击。路经葫芦峪口，到华容道时，曹操身边仅剩的几员大将和几个随从早已经人困马乏，只要关羽一声令下，立刻全部毙命于此。

这时候，曹操身边的大将对他说："此时硬闯必死无遗，只能智取。主公昔日有恩于关羽，而关羽此人极重义气，不如上前求他放我们过去。"曹操依计上前恳求关羽，果然被关羽放了过去。

其实，诸葛亮这次用计是有意放走曹操，派关羽守华容道是"占优战略"，与其说是关羽放走了曹操，不如说是诸葛亮有意为之。当时依国家的形势来看，诸葛亮认为曹操还不能够死，北方还需要有人来统治，否则不知又有几人能够称王、几人称帝，天下会变得更乱！但是，如果故意放走曹操，会受蜀国与吴国的士兵唾骂。于是，诸葛亮便特意派关羽守华容道就是要放走曹操！

在这场博弈中，诸葛亮其实早就认定关羽是重义气之人，便站在其立场上去行事，得出其必然会放走曹操。而出于当时战略形势的考虑，在北方还没统一之前，曹操还不能死，于是派关羽前去把守，既能放了曹操，安定北方，同时又能让自己避免吴蜀两国将士的责骂，实乃一箭双雕。

在这个博弈中，诸葛亮能够胜出的原因就在于，他深知关羽是个极重义气之人，同时，关羽并不懂谋略，并不能够猜透他的心思。于是，派关羽，而非张飞、赵云去镇守华容道，是最佳的策略。

这个博弈告诉我们：在一场完全不了解对手真实意图的静态博弈对决中，要想制胜，就必须把握3点。

第一，对方是一个什么样的人？

第二，要知道对方如何看待我们的策略。

第三，根据对方可以实施的策略，制定出巧妙的应对策略。

这就要充分地运用到博弈论中的信息理论，学会从对手的角度去看问题，也即为设身处地地站在对方的角度来分析和假设，然后再转回到自己的位置上制定自己的策略，从而达到制胜的目的。也就是说，我们要以不同的角度“向前展望，倒后推理”，不仅要会用自己的眼睛，还要学会用对手的眼睛来看世界，站在对手的角度去详细地分析问题，在互动中随机应变，而不是墨守什么教条或者规则。

不过，这样做并非是要你千方百计地去占对手的便宜，剥夺对手甚至消灭对手，而是要通过与对手的博弈来提升自身的收益。

蒙牛总裁牛根生有这样一句口头禅，几乎洞穿了博弈论所有的真谛：“要想知道，打个颠倒。”看似简单的一句话，运用起来却往往是最不简单的。

这里需要注意的是，我们与生活中的多数对手进行的也都是多次重复博弈的，如果这次你占了对手的便宜，那么，被对手掌握了你的“伎俩”或者“特性”，对手一有机会就可能会去报复你、惩罚你，让你得不偿失。

7. 动态博弈制胜策略：向前展望、向后推理、见招拆招

动态博弈是指博弈参与者的行动相继发生的情况，即参与者轮流出招。博弈的参与者要想提升制胜的概率，需要遵循一个原则：就是每个参与者每出一个招数，都必须要展望一下他的这一步行动会给其他参与者带去什么样的影响，反过来又会对自己以后的行动造成什么样的影响。也就是说，在轮流出招的博弈中，每一个参与者必须要预计其他参与者接下来会有什么样的反应，并据此盘算出

自己人的最佳招数。这种向前展望、向后推理的方式非常重要，是确定策略时的一个基本准则。

“二战”之后，美国和日本汽车的生产技术、水平差距越来越大。美国素有“汽车王国”之誉。底特律的“三巨头”即为通用、福特和克莱斯勒，三大汽车品牌几乎垄断了国内的汽车市场，想进一步称霸世界市场。

然而，在20世纪70年代，日本汽车工业蓬勃发展，雄视世界，也想进入国际市场。战后的日本认定，随着交通的不断发展、人们生活水平的不断提高，汽车行业必定是未来的朝阳产业之一。于是，便将发展汽车工业作为日本经济的主导力量之一。为了抢夺市场，日本汽车与美国汽车展开了一场激烈的“博弈战”。

为了赢得竞争的胜利，日本通过各方面的调查发现：美国汽车的设计都偏爱大型、豪华型的，但是，美国汽车越来越多，城市也越来越拥挤，大型汽车转弯以及停车都极不方便，加上油价上涨，人们也逐渐地感到大型汽车耗油根本不合算，这一系列的因素导致美国人开始偏爱小型、价廉、耐用、耗油少、维修方便的汽车，并要求汽车易驾驶、行驶平稳、腿部活动空间大，等等。在了解了这些之后，日本汽车业便开始了大胆的创新和改革，丰田正是根据美国人的喜爱和需要，制成一种小巧、价廉的汽车，迅速抢占了美国市场，树立了物美价廉的良好形象，终于顺利地打进了美国市场。

而美国汽车业在意识到自身在设计方面的不足之后，日本汽车已经占领了市场。据美国《幸福》杂志统计，在1986年世界20家最大的汽车公司之中，日本就占9家。而在美国市场上，目前每售出4辆汽车，其中就有一辆是日本车。

在这场多家汽车生产厂家参与的博弈战中，日本汽车业从结果出发，认定具有“小型、价廉、耐用、耗油少”等特点的汽车必定会受欢迎，于是，便迅速制定出了相关策略，避免了盲目投资带来的损失，击败了其他竞争对手，迅速占领市场，一举获胜。

博弈的实质是：看穿对手，巧妙出招与获得利益。从这点上分析，每个人并不是为了体验博弈的过程，而是为了博弈的结果——追求最大利益而不自觉地参与博弈活动的。可以说，利益是博弈的基础和目的，为此，我们完全可以从“结果出发”，制定博弈策略，最终赢得胜利。

我们看《三国演义》，经常会被诸葛孔明料事如神的聪明智慧所折服。细心的观众不难发现，孔明之所以能够料事如神，不过是他比别人看得更高远一些，善于运用“终点或结果出发，向前推理”的博弈思维方式来作出判断。

从“结果”出发，看似一种违反逻辑规律的思维方式，但是，许多人每天都在运用这种思维方法。

刘彬是一家企业的营销经理，这个月因为种种原因，部门的工作业绩滑落很多。今天上午一上班，老总便发飙，让他写一个工作总结，主要分析一下业绩滑落的原因以及反省一下自身工作的失误。

一整天，刘彬内心都忐忑不安，因为老总在公司是不轻易发脾气的，这次很可能是触到他的底线了。从上午到办公室，他就开始构思自己的报告，并不断地猜想明天老总会对自己哪方面的工作进行批评，并拿起笔一条条地列举出来。接下来，他又开始准备应对的事实和依据，以便能够给出令老总满意的答复或辩解。

第二天一大早，刘彬便拿着报告到了老总办公室，老总简单地瞟了一下他的报告，询问了他一些不好回答的问题。幸好，因为他昨天准备得充分，老总问的那些问题的答案已经在他脑中过了好几遍了，他的回答还算令老总满意，终于逃过了这一劫！

刘彬在办公室中不断揣测老板心思的过程便是一场心理博弈。

在那段时间内，他的工作主要围绕一个重点：那就是让老板接受或满意自己的答复或辩解，最终因为准备充分，便逃过了一劫。

生活中，类似的事例其实有很多，比如早上上班迟到，我们总会事先编好各种客观的理由让上司谅解自己；与女友谈恋爱，为了俘获对方的欢心，我们总会事先想方设法在脑海中设置一些浪漫的场景、令人感动的举动；下午要参加一个会议，估计有人会对自己提出批评，我们会事先准备一些资料和依据，思考自己有可能会接受哪些批评，以便让自己做出令人满意的辩解……

博弈论便是告诉我们，无论是人的精神世界还是现实世界，都在不断地发生变化和发展，我们在某一点所作出的决策，必须要以这个过程为依据，从结果出发，向前推理，并以此确定更为复杂情况下的策略，同时也考虑其他的参与者可能采取的策略，据此对自己的策略进行修正，以让自己的人生少走些弯路。

在现实生活中，如果你处处能够以博弈的思维去解决现实问题，那么，你一定会比当下更聪明、更成功、更快乐！

8. 巧用博弈论，战胜你的隐形对手

博弈论不仅可以帮助你找到与有形对手过招的策略，而且还可以帮助你战胜隐身的对手。

下面是某学校初一期末考试的一道物理习题，我们可以试着做一下。

一个凸透镜焦距为 5 厘米，若用它看邮票，则邮票与这个凸透镜的距离应是（　）

A. 小于 5 厘米　　　　B. 在 5 厘米和 10 厘米之间

C. 大于 5 厘米　　　　D. 多少都可以

很多人可能早已经将中学物理知识忘得一干二净，但是，在上学期间，我们进行过无数次的考试，多多少少也掌握了一些应试方面的技巧。大凡懂些应试技巧的人，一眼就会发现，D显然不可能是本题的答案，所以，它可能是首先被排除掉的一个答案。

其实，运用排除法，你便进入了一个出题人与应试者的博弈中，出题人便是你的“隐形对手”，要想选出正确答案，你必须要猜透出题者要考察的知识点是什么。

其实，每个出题者都有这样的目标，那便是让那些懂或者掌握凸透镜成像规律等知识的人通过正确的运算得分，而让那些不懂或者没正确掌握知识点的人失分。因此，他便会精心设置一些干扰性的答案，用来迷惑那些不懂或者没掌握知识点的人。

通常情况下，没有一位出题者会为了干扰应试者，会将5这个无关紧要的因素加到题目中，也就是说，“凸透镜焦距为5厘米”是影响答案的重要因素。这样一想，我们便首先可以排除掉答案D。

下面我们再来分析选项B和选项C，通过对“小于5厘米”与“在5厘米和10厘米之间”进行对比，便会发现：选项B其实被包括在C中，如果选B项，那么，C项也应该是正确的，而这个习题的正确答案则只有一个，那么，两项都能选，则表明两项都是错误的。于是，便可以排除掉B和C两项。那么，最终的正确答案必然是A了。

由此，我们便可以准确地得出出题者的真实意图：只有A项正确时，B、C、D才能成为迷惑应试者的干扰选项。

至此，我们通过对出题者参与的这个博弈的分析，就是在不懂得任何物理知识的情况下，也能够满怀信心地选择出正确的答案来。也就是说，我们可以通过揣摩出题者的心理意图和出题思路，在不懂得任何相关知识点的情况下便完全可以推断出正确的选项。

这便是博弈论的厉害之处，只要你掌握了博弈论理论，便不会在没有掌握或者学会知识的情况下，连题目都不看，蒙着头去应试。你完全可以运用博弈论的知识避开“隐形敌人”所设立的陷阱或干扰，从另一个角度去找出正确答案，提高你得高分的概率。

9. 博弈论的弊端：会让你“捡了芝麻，丢了西瓜”

社会中的每个人都是被利益驱使着才不自觉地参与到博弈中来的，但是博弈不是说随着你得到利益后便彻底终止了，人生时时都存在着更大的博弈。你这一次的博弈可能对你下一次的博弈乃至其他的博弈产生重要的影响，甚至下一次博弈带来的损失会远远地大于你这次博弈所获得的利益。

一位富翁在乘船行驶河中时，遇到了大风浪，打翻了船，富翁掉进了河中，他抓住水中的浮草，在那里不停地哀号：“救命！”“救命！”

这时，有一个渔翁经过，他听到求救声，赶忙驾着小船过来了，还未靠近，富翁就急忙吼叫道：“我是这里最有名的富翁，你如果救了我，我就给你50两银子。”

但是，当渔翁真的将富翁救上了陆地后，富翁却只给了他5两银子。

“当初你答应给我50两银子，如今却只给了我5两银子，这岂不是不讲信用吗?”渔翁看着手中的银子，不解地问道。

听了渔翁的话，富翁勃然大怒：“你是个打鱼的，一天的收入能有多少？今天一下子就得到5两银子，你还不满足吗?”

渔翁摇了摇头，失望地离去了。

富翁又买了一只船，继续乘船顺河而下，结果，船碰到了石礁，又淹没在水中，他在水里哀号着求救。

那个渔翁正好又经过那里，他将船摇了过去，结果一看是富翁，便又将船摇了回来，停在了岸边。

岸边有人问渔翁："你怎么不去救那个落水的人呢？"

渔翁摇摇头说："这就是那个答应给 50 两银子却给了我 5 两银子的富翁，反正他缺乏诚信，救了也是白救。"

这是富翁和渔翁的两次博弈，在富翁第一次遇难时，为了保命，他答应给渔翁 50 两银子，却给了他 5 两银子。在这场博弈中，富翁虽然获得了最大利益，但这次博弈却给下一次的博弈带来了很大的负面影响——他失掉了做人的诚信。失去诚信与他"节省下的 45 两银子"相比，可谓是捡了芝麻，丢了西瓜。于是，在第二次博弈中，富翁便付出了最为惨重的代价——失去生命。

这个故事告诉我们：人生不是一场"赌博"，而是时时在"赌博"，我们要理性做人，不能够去斤斤计较一时的得与失，而应该从全局出发，不能无谓地牺牲时间和精力，或者为一时的利益冲昏头脑，毁掉自己的一切。面对利益时，只有将眼光放长远，不在乎一时的得与失，才能在全局的博弈中获得最大的收益。

同时，我们在进行策略性的思考时，不但要了解博弈中参与者的想法以及相互间的影响，同时还要考虑那些看似不在局中的局中人或局中因素。比如，上述事例中，富翁在与渔翁的第一次博弈中为了获得最大收益，而忘记了考虑道德因素——诚信，以至于他在与渔翁的第二次博弈中丢了性命。

记住，在任何时候，都不要自以为自己在参与一个博弈，你当下所参与的博弈很可能就成为你下一场博弈的一部分。只有将眼光放长远，不计一时一次的得与失，才能在人生的大博弈棋局中获胜。

10. 博弈论不是“万能药”，不能保证“包治百病”

吉姆·罗杰斯是世界最著名的投资大师之一，他也是著名的金融家、股市常胜将军。每当人们提及他，便会将他与财富联系在一起，因为他拥有富可敌国的财富。

除了投资，罗杰斯最大的爱好就是骑摩托车或开汽车周游世界。一天，他来到了纳米比亚，无意中看中了一颗制作工艺相当精美的钻石：它由5颗精细的小菊花形钻石连接而成，据说是采用世界一流品质的钻石打磨而成，颜色各不相同。罗杰斯看到后，便心动了，他很想买下来送给妻子。但是这颗钻石的价格当然不菲，店主说要10万美金才可。罗杰斯对股票、金融投资相当精通，但却不懂得鉴别钻石的真假。

他想：如果这颗钻石是假的，那么，他会损失近10万美金；如要是真的，将它买下来作为投资，将来无疑能大赚一笔。在权衡利弊之后，他很明白，不买是最明智的选择。但是，当他的眼神再一次落到那颗钻石上时，他又怦然心动了，那颗钻石的工艺实在是太过精美了，如果买回家，妻子一定会喜欢的。于是，他犹豫了一会儿，决定冒一次险：买下它。

接下来，他凭着投资家的精明一再砍价，最终以7万美金成交。当他回到家欢喜地将之送给妻子时，妻子只看了一眼，便说道：“你上当了，这是假的。”他根本不相信，当他再次来到纳米比亚时，将这颗钻石拿给一个钻石商人看，钻石商人看后也大笑一番，说道：“这哪里是钻石，只是玻璃球。”没想到，一个赫赫有名的投资大师竟然在一颗钻石上面栽了个小小的跟头。

罗杰斯固然聪明，也很精明，与其说他是因为不懂鉴别钻石而上当，不如说他是被钻石精美的外观所骗。

这件事情对罗杰斯的触动极大，他在给自己的两个女儿的信中这样写道：假如你涉入不懂的事物之中，一定要时刻保持理性。假如你对自己所不了解的东西下注，这不叫投资，而只是赌博……

这是罗杰斯与钻石店的一场博弈。罗杰斯当时有两种选择：不买与购买。如果选择不购买，不管钻石是真还是假，都不会上当受骗；而如果选择购买，钻石有50%的可能是假的，则其便会上当，损失7万美金，钻石店赚6万美金；还有50%的可能是真的，则罗杰斯赚3万美金，钻石店赚0.5万美金。所以，综合分析，罗杰斯最佳的策略便是不购买。否则，他便有可能损失7万美金。然而，人毕竟不是机器，在作决策时，总会受自身情绪的影响，并且人也并不是完全利己的，甚至还会做出利他的选择。罗杰斯也不例外，按照理性，罗杰斯要想获得最大的收益，最理智的选择便是“不购买”。但是，他却没能控制对“钻石精美的工艺”的喜爱，从而选择了购买，最终损失了7万美金。

这个事例很客观地阐述了博弈论的局限性。博弈论固然有很多神奇之处，可以帮助我们在困境中做出最明智的选择，但是它毕竟不是万能的。很多时候，它不能为我们刻画出一个真实的世界，不能够让我们随心所欲。在博弈中，我们经常假设出所有的参与者都是完全理性的，而且彼此都明白其他的博弈参与人是理性人。这里所谓的完全理性是指参与人既不会感情用事，也不会盲从，精于判断和计算，其行为动机是完全利己的，其所追求的唯一目标是自身经济利益的最大化。

然而，在现实生活中，完全理性的人是不存在的，人是感情动物，很容易受自身情绪或情感的影响，这对人们的决策、行为选择方式有着极大的影响。

另外，我们外部的环境是十分复杂的、不确定的，而人的精力却是十分有限的，不可能搜寻或掌握到所有的知识和信息。另一方面，信息的搜寻也是需要成本的，必须为此付出时间、精力或者财力成本等。因此，人们通常只能在有限的信息和不完美的判断能力下做出自认为最好，但并非真正符合其自身效用最大化的行为决策。

诺贝尔经济学奖获得者莱因哈德·泽尔腾教授说："博弈论不是疗法，也不是处方，它不能助我们在赌博中获胜，不能帮我们投机致富，亦不能帮我们在下棋或打牌中战胜对手。它不能告诉你买东西时该付多少钱，这是计算机或者字典的任务。"这句话告诉我们，博弈不是万能的，它也具有局限性。它能帮助我们在困境中做出最明智的选择，但是，它却不能保证我们100%的成功。

但是博弈论是到目前为止最好的一种思考工具，它可以帮助我们对现实的客观世界进行近似的描述，可以帮助我们解释分析很多现实的社会现象，可以帮助我们尽可能地减少损失。

第二章

囚徒困境：

合作与背叛的心理较量

1. 囚徒困境：坦白还是抵赖，是个让人头疼的问题

囚徒困境是博弈论里最经典的例子，说的是这样一个十分有趣的故事。

在一次盗窃案后，警察抓获了两个嫌疑犯：一个胖子与一个瘦子。警察不是吃白饭的，这两个人事实上就是这次盗窃犯的“梁上君子”，但是，这两个人也是“江湖老手”，没有留下任何的蛛丝马迹。

于是，警察分别关押并且提审他们，并且还向他们交代了坦白从宽的政策：如果两个人同时坦白，每个人都得入狱 3 年；如果都抵赖，每人将入狱 1 年；如果一个抵赖，一个坦白，那么抵赖者将入狱 5 年，而坦白者将可以直接回家，免受牢狱之苦。

关于这一经典博弈模型，我们可以用一个博弈中的“收益矩阵”来清晰地表示。

博弈方	胖贼抵赖(与同伴合作)	胖贼坦白(背叛同伙)
瘦贼抵赖(与同伴合作)	二人同服刑 1 年	胖贼释放,瘦贼服刑 5 年
瘦贼坦白(背叛同伙)	胖贼服刑 5 年,瘦贼释放	二人同时服刑 3 年

警察用这个条件，就是要达到这样的结果：两人在 10 分钟内便会分别竹筒倒豆子，老实交代。原因很简单，对于胖子来说，他会发现，如果瘦子坦白，自己也坦白，那么自己将会入狱 3 年，自己不坦白，将会入狱 5 年。这样一想来，不坦白是不合算的；如果瘦子不坦白，自己坦白，自己将被释放，自己如果不坦白，将入狱 1 年，不坦白根本不合算，看来还是坦白才是最为明智的选择。

对于瘦子来说，情况亦是如此。更何况，无论这两人在平时关

系如何好，如何订立攻守同盟，到了警察面前，只要没精神病，都会乖乖地交代，最终每人入狱 3 年。

说到这里，我们已经揭示了商业博弈与一切博弈的根本法则，那便是：向前展望，倒后推理，即想清楚博弈各方可能的结果，然后倒着找到对自己最有利的选择。

胖贼和瘦贼各自坦白自己的罪行之后，开始服刑。在黑暗的铁窗内没有“生意”可做，无聊的他们仔细一琢磨，发现不对：两人都从自己立场出发做出了聪明的决定，结果都被判了 3 年；如果两人均抵赖，每人只会被判 1 年，岂不是更好？

两个聪明的贼，为何最后共同走向了一个最愚蠢的结局？这便是“囚徒”之所以困境的原因。如果你不信，就先让这两个贼达成一致抵赖的协议，然后让警察重审他们，两人同样还会同时坦白。因为这时他们一定都在琢磨：“对方如果抵赖，我只需坦白，便可以马上没事了。便可以潇洒地对对方说‘不好意思哈，哥们儿，我先走了’。”

结果，两个狡猾的贼，还是一起做了“蠢事”。

此时，我们又遇到了博弈论的另一个非常重要的概念：占优策略——即站在自己的立场上，无论对方如何选择，都能让自己得到最好的结果。因而，坦白是胖贼的占优策略；同样，瘦贼的占优策略也是坦白。

“囚徒困境”告诉人们，个人的理性和集体的理性存在一定的矛盾和差异，个人正确理性的选择往往会造成最坏的结局，降低集体的福利，而集体的最优化则必然侵害个人利益的最大化。正如胖贼和瘦贼一样，他们自以为对自己最有利的选择，却让自己付出了惨重的代价。

“囚徒困境”是博弈学中一个极为经典的案例，它所体现的是博弈双方在决策时都以自己的最大利益为目标，结果是无法实现最大利益或较大利益，甚至导致对各方都最不利的结局。囚徒困境所反映出的深刻问题是，人类的个人理性有时能导致集体的非理性——聪明的人类会因自己的聪明而作茧自缚。

囚徒困境既是两个囚徒之间的博弈，也是警察的计策。警方正是看透了此博弈的精髓，看准了人的自私本性，所以，囚徒在选择最有利于自己的确定性强的一项时，其实最大的受益者就是警方。

2. “两害相权取其轻”策略：诱惑无法阻挡

刘晓和张爽都是一家大型广告公司的设计师，在一起工作有两年多了，所以，私下里的关系很是要好。在工作之余，她们会在一起吃夜宵、一起讨论服装、一起议论公司的领导，偶尔还会说点尖酸刻薄的话讽刺一下上司。

近来，她们很是苦恼，因为听说公司最近业务不好，部门内部正在考虑裁员。刘晓和张爽两年内在部门内部丝毫没能做出什么大的业绩，而且，她们两人都不善于交际，和上司的关系也并不好，所以，这次裁员，很有可能会轮到她们两个人的头上。

几天后，公司内部果然传出消息说，每个部门都要裁掉一个业务能力最差的那个人。刘晓和张爽很是紧张，因为她们俩的业务水平总是部门内部最差的，这也意味着，她们俩中必定会有一个要离开。

两个星期后，部门经理就给刘晓下发了离岗通知，虽然刘晓早知道她很有可能会被裁掉，但是心里还是很不是滋味。当然，她也为好朋友张爽的“幸运”而感到欣慰。

两天后，就在刘晓离职的那一天，她从其他同事那里听到了一个令她震惊的消息：自己的离职正是拜好友张爽所赐。原来，有一天下午，所有人都下班离开后，张爽主动到上司的办公室，将刘晓之前讽刺上司的尖酸刻薄的话一股脑儿都说了出来。而上司并不是一个大度的人，所以，没等公司下正式通知，便将刘晓辞退了。

这个消息让刘晓很是伤心，她怎么也没想到，昔日那么要好的朋友，竟然会在关键时刻“落井下石”。

刘晓和张爽本来是很要好的朋友，两人在没有利益冲突的时候，关系很是亲密，等利益发生冲突时，马上就有人违背内心的意愿，落井下石，选择“背叛”。这主要是因为利害冲突在心中的挣扎、生存和利益危机在现实社会影响的原因。

其实，对于张爽的损人利己的行为，实际上并非是个人偏好使然。因为在她的预期中，先假设刘晓可能或绝对会背叛自己，从而为了自己的利益最大化，便选择了背叛。

对于张爽来说，在面临被裁员的生存危机时，其选择有两个，两种选择会出现 3 种结果。

选择 A：不背叛，离岗；选择 B：不背叛，在岗；选择 C：背叛，在岗。

在这些选择中，如果选择背叛，她必定不会被裁掉。而如果选择不背叛，那么，只是有在岗的可能性。为此，不管好友刘晓选不选择背叛她，她最佳的策略便是背叛。

在这个过程中，利害算计是每一个参与者都会进行的。我们仅从上述故事中两个人的关系可以看出，故事中所包含的“囚徒博弈”的基本精神——背叛。无论对方做出什么样的选择策略，背叛对方，都能够让自己获得最大的利益，那么，聪明的一方必然要选择背叛这一条道路。

这个事例中，刘晓和张爽的思维方式，实际上揭示了一个形成

“囚徒困境”的机制——担心自己成为傻瓜。为了这种机制，恰恰可以提供减少自己在“囚徒困境”中损失的策略。它告诉我们，处于“囚徒困境”的时候，没有什么十全十美的办法能让自己从困境中逃脱。无法获得最大收益时，只能尽量做到自己不受侵害，正所谓“两害相权取其轻”，换句话说，在现实利益面前，背叛的诱惑是不可阻挡的。

这个机制也经常出现在企业或政治中的“权位”竞争中，但其形式却不尽相同。

某个股份企业的董事会有 3 位股东。一次，一位大股东针对企业提出了一个有利于自身利益的改革方案。而这个方案必须要董事会所有股东都通过了，才能顺利实施。为了推动这个方案通过，这位股东拿出了 10 万美元作为活动基金。3 位股东都可以选择支持或不支持，如果 3 位都选择支持，该方案通过，3 位股东都分文不得。如果 3 个人中有两个选择支持，1 个选择不支持，该方案则通过，支持双方会平分 10 万美元，不支持者则分文不得。如果 3 人中有 1 人支持，两人不支持，那么，支持一方便可独自获得 10 万美元，其余两人便不能得到分文。如果 3 人都选择支持，那么，3 方便不会得到分文。

如此一来，3 位股东便同时陷入“囚徒困境”的境地。如果有一方不支持，其余两方便可以白白地拿走 10 万美元。当然，这 3 个人都会不希望其他人拿走这 10 万美元，于是，都会选择支持该方案。

这一博弈的结果便是方案通过，哪怕 3 人内心都不支持方案。同时，3 人都没得到任何钱财，而那位股东可以分文不花便顺利让有利于自身利益的方案通过。这便是囚徒困境在政治和选举中的巧妙运用。

3. 妙用“警察”之智：巧用奖金，获取大收益

张庆是一家小型食品公司的销售经理，他的工作就是带领好他手下的业务员到各大商店或超市推销公司的食品，业务员每签订一个客户，他就可以从中获取一定比例的提成收入。在销售部门中，他手下的业务员有12个。

当时公司的营业额并不高，张庆经常受到老板的批评。为了激发员工的工作热情与工作积极性，张庆自掏腰包设置了这样一项激励措施：每个月设立5万元的巨额红包，其中拿出3万元奖励给全部门业绩最好的业务员，业绩第二的将拿到2万元。这样一来，他手下的每个业务员都非常想拿到这笔奖金。红包的激励机制一颁发，他发现每个业务员都开始比之前更为忙碌了，那些平时收入不高的业务员，每天也忙于查找客户信息，利用更多的时间去拜访客户。就这样，部门整体的业绩果然增长了不少。

大半个月过去了，公司的气氛越来越紧张了，同事之间的关系也微妙起来。为了提升工作业绩，每个销售人员都使出了浑身解数，明里暗里的竞争十分激烈，看样子不到月末，是看不到谁会最终拿到那两个大红包的。

一天上午，张庆透过办公室窗户看到里面一片忙碌的景象，他不由得为自己的高明决策再次赞叹了一下。虽然自己拿出的5万元的奖励有点高，但是，现在员工不断攀升的业绩为他带来的提成已经远远超过了5万元，他终于松了一口气，他觉得几天后再到老板的办公室，得到的一定是夸奖，而非批评。

丰厚的红包奖金，每个业务员都想得到，于是便使出浑身解数，努力工作。这是业务员之间的博弈。再看看销售经理张庆与其他员

工之间的博弈：设立一个简单的奖励措施，就最大限度地调动了手下业务员的工作积极性，让员工一个劲儿地为自己卖力，最终获取丰厚的回报。

在这期间，“员工”所扮演的并非是囚徒的角色，但是，张庆扮演的却是警察的角色，以最少的投资在短时间内取得了最大的业绩，不仅增加了其他员工的收益，也增加了自己的收益，从而实现大家的共赢和效益的最大化，这样就塑造出了他作为高绩效企业所必备的领导素质。

在这种激励体制中，所拥有的就是员工具有高度的人际关系和个人高水平的集体意识，这就意味着企业中的员工对企业的经营核心理念和价值观等有着发自心底的认同感与归属感。在这种情况下，企业员工的流动率小，员工愿意在企业的发展上继续投入自己的时间和精力。正是这种员工个人对企业的发展所拥有的高度责任心，使得他们愿意与所在的企业共担失败的风险，分享企业胜利的果实。

所以说，奖励既是现代企业新型文化的集中体现，也是调动市场上人才资源分配和人力资源效益最大化的绝佳武器。红包作为全新的激励手段，在一定程度上是能够促进企业和个人的发展的，实现企业和个人的双赢。

4.“囚徒”如能互守承诺，合作则更为有利

在囚徒博弈中，在两个囚徒完全无法沟通的情况下，其“背叛”便是他们各自的最佳策略。但是从他们共同的立场上看，他们两人如果能够相互承诺，且彼此能够相互信任，共同坚持“盗亦有道”的互利原则，两人都入狱一年便是他们的最佳策略。但是，没有一人会主动改变自己的策略以便使自己获得最大利益，因为，这种改

变会给自己带来不可预料的风险——万一对方不遵守承诺呢？

这种两人都选择坦白的策略及由此产生的都被判处3年徒刑的结果，被称为“纳什均衡”，也叫“非合作均衡”。因为，每一方在选择策略时，都只是选择对自己最有利的策略，而并不顾及其他对手的利益和社会效益，这样造成的结果便是两败俱伤或者多方俱伤。

卡卡淋是一家快餐甜品连锁店，曾经在美国红极一时。自从1996年在美国上市之后，股价在4年内飙升了4倍，这在商界堪称一个奇迹了。与其他快餐店一样，为了扩大销售，卡卡淋除了自己铺设店铺销售甜品之外，还大量地批设特许经营店的牌照给加盟伙伴。

因为有了光环，许多加盟商便蜂拥而至，都希望来分吃这一块大蛋糕。面对如此之多的加盟商，卡卡淋有些得意忘形了，为了追求眼前的利益，他们对加盟者收取了十分高昂的特许经营费以及各种名目的费用，而且还规定加盟商必须要向自己购买高价的原材料才行。

这种合作方式尽管一时给卡卡淋带来了利益，但是各种苛刻的条件却让加盟商的利益降到了低点，很多人只是在做着卡卡淋的名气，却丝毫不顾食品的口味，得不到任何的实际效益。时间一久，许多人便选择了放弃，卡卡淋的销售额也由此开始下跌，股票大跌。

只想着自己怎样赚到大钱，却不考虑别人的利益，这是卡卡淋最终失败的重要原因。表面上看，卡卡淋为了赚取利润，便不顾其他加盟商的利益，不仅收取高昂的特许经营费，还让其购买高价的原材料，最终不仅将同伴拖下水，还让自己亏损很多。这说明，当个体在作出有利于自己的“理性”的选择的时候，结果却是整体的非理性。当个人理性与集体理性发生冲突的时候，每个人都会以利己的目的为出发点，结果既不利己也不利人，导致的结果便是对双方或多方都不利。

为此，要想走出“囚徒困境”，博弈双方最为合理和有利的做法便是大家都遵守游戏规则，从而达到“双赢”的目的。但是，在商业交往中，如果一家企业不遵守游戏规则，那么与它合作的企业依然遵守规则的话，自然就会蒙受损失。权衡利害，后者最后也会选择违反规则。这样，双方都选择了非理性的完全竞争模式，这种完全竞争的均衡就称为“纳什均衡”，一种“零和博弈”。结果如何呢？当然是你耍了我，我也得骗你，我不好，你也别想好。结果大家的交易成本大幅提高，形成“双输”的结果。

其实，在生活中，同行间的“恶性”价格竞争便是“囚徒困境”的“非合作均衡”的现实写照。恶性价格竞争有两种表现：

第一种是低价倾销，即少数实力雄厚的大企业利用自己在资金、技术、规模等方面的优势，为了排挤竞争对手或者长期独占市场，阶段性地以低于成本的价格销售商品或者服务，最终使各方都出现“亏损”的局面。有些经济学家曾经戏谑地调侃道：“一群聪明人为了金钱而竞争，却又经常像傻子一样比着亏钱，且欲罢不能。”

第二种是低价混战，即有些中小企业虽然不一定具有规模经济或者技术上的优势，但却具有成本与经营上的优势，通过降低产品质量以迎合低消费者的需求，或者可以利用消费者对产品质量不易鉴别的特点，以次充好，进行低价销售，其他同类企业为了生存也只好加入价格大战，使价格一降再降，陷入怪圈之中。

其实，由市场供求关系所决定的价格水平，无论是对提供高品质和服务的企业，还是对消费者来说，都是一件好事情。但是，在“囚徒困境”中，一旦某方选择了“非合作”而恶性降价，其他方再以同等程度甚至更为凌厉的降价攻势加以应对，各方均陷入持续的“非合作”僵局，恶性价格战不断升级，那么一场大战下来，我们就会看到，硝烟过后其实并无赢家。我们且不说危害经济健康持续发展、扰乱市场的正常价格秩序，单是对卷入价格战的企业而言，获利能力下降，疲于采取降价策略，必会造成整个行业在产品研发创新方面的“贫血”。企业如想走出“困境”，只有靠政府这双“无形的手”来加以管制，让各个参与者都“遵守一定的市场规则”，促进相互间的合作，才能走向“共赢”的道路。

当然，这是“囚徒困境合作”模型在经济中的体现，在生意场上、社交场合亦是如此，只有参与竞争的双方在遵循一定规则的情况下，并力求合作，才能实现共赢。比如，商人与商人之间只有互讲诚信，才能促成交易合作的顺利进行，从而取得最大的收益；在职场中，管理者把一项工作交给两位属下去做，条件是：两人把工作做好，可得到可观的奖金，如果完成得不好，便会双双被开除，那么，两个人最佳的策略则不是背叛，而是齐心协力合作，将任务出色地完成。

5. 太过理性的结果便是聪明反被聪明误

一个未婚男子到婚姻介绍所去相亲，相关人员对他说：“每个屋中都有3扇门，最左边屋里的都是条件最好的，中间和最右边那扇门里的都是普通的姑娘。你要得到最好的姑娘，需要通过左边的很多扇门才行；而如果是一般的，只需要去推中间的和右边的门便可轻易得到。”

男子便高兴地答应了。他推开第一扇门，迎面就看到3扇小门，左边门上写着“美丽的”，中间门上写着“不太美丽的”，右边写着“丑陋的”。这位男子想，左边的屋中一定有许多绝色美女，并不停地幻想着那些美女的模样，并推开那扇“美丽的”

门。他进去后，远处又出现3扇门，一扇门上面写着“年轻的”，另一扇写着“中年”，最右一边写着“年老的”。男人又开始不停地幻想，并不停地向前走，又推开那扇“年轻的”门。这样一路走下去，男人先后推开了9道门，并且推开的都是最左边的那扇门，而且内心还在不停地幻想，并且还累得气喘吁吁，最终当他推开最后一道门时，门上又写着一行字：您还是到天上去找吧！

这虽然是个笑话，但是却反映了一个真实的现实：人如果有机会，总是想得到更多。就好比故事中的男子一样，他如果敢于推开中间或者右边的门，便可以找到一个姑娘，但是，因为他过于聪明，总想得到最好的，其结果便是什么也没得到。

很多时候，聪明固然能给我们带来好处，但是，在博弈论中，理性的人本来就是精于算计的，聪明过头的结果便是什么也得不到，因为当我们太过关注自身利益的时候，就会忽视其他构成利益的因素，当其他必要条件不具备时，再好的计划也只能落个两手空空的下场。这便是著名经济学家考希克·巴苏教授（Kaushik Basu）提出的“旅行者的困惑”，它是一种非零和博弈，博弈双方都是为了让自身利益最大化，而不考虑对方的收益，其博弈的情形如下。

在某航空公司，两位旅客把自己的旅行包弄丢了，两位旅客虽然互不相识，但是其丢失的包是一样的，并且里面有相同价值的古董，两位乘客都向航空公司索赔100万美元。

为了评估出古董的真实价值，公司经理就将两位乘客分开以避免两人合谋，分别让他们写下古董的价值，其金额不能够低于两万美元，并且也不能高于100万美元。同时，还告诉两个人：如果两个数字是一样的，那么会被认为其真实的价值，他们便能获得相应金额的赔偿。如果两人的数字不同，较小的会被认为是真实的价值，而两人在获得这个金额的同时，有相应的奖赏或惩罚：写下较小金额者会获得两万美元的额外的奖励，而较大的则会有两万美元的惩罚。现在的问题就在于：两位旅行者应该用什么样的策略来决定他们应该写下的金额呢？

如果两位旅行者的收益变成两个整数的选择，比如两万美元和3万美元，那么，旅行者的困境在数学上就等同于囚徒困境，所以，可以被看作是囚徒困境的延伸。

如果两位旅行者用甲乙来表示，我们可以用一个收益矩阵来表示如下（仅考虑整数，单位为万/美元）。

甲/乙	100	99	98	97	……	3	2
100	100，100	97，101	96，100	95，99	……	1，5	0，4
99	101，97	99，99	96，100	95，99	……	1，5	0，4
98	100，96	100，96	98，98	95，99	……	1，5	0，4
97	99，95	99，95	99，95	97，97	……	1，5	0，4
……	……	……	……	……	……	……	……
3	5，1	5，1	5，1	5，1	……	3，3	0，4
2	4，0	4，0	4，0	4，0	……	4，0	0，4

博弈论认为，如果两者都是理性的人，那么，都会写两万美元，这个结果应该是该博弈的纳什均衡。然而，在实验中，多数的测试者都会选择100万美元，或者接近100万美元，他们也十分清楚自己并没有认真思考这个情况，而选择了非理性的结果。并且，旅行者们会因为在博弈中严重偏离纳什均衡而获得比理性行为高出很多的收益。该实验既没有证明大多数人都是完全理性的，也没有证明他们如果是理性的将会获得更多的收益。这个困境让人们对博弈论产生了怀疑，与此同时，有人便建议需要有一种新的解释来帮助理解如何来完全理性地做出非理性的选择。

当然，像旅行者的困境这种事例，在生活中可能不会发生，但是它却告诉我们：聪明固然能给我们带来好处，但是做人不能太过精明，过于算计，将自己完全凌驾于他人之上，或者是完全无视他人利益的存在，只顾着自己攫取更多的利益，当你将别人逼得无利可图的时候，你便也会一无所获。同时，很多时候，过于理性、过于精明并不是聪明的表现，如果一个人只顾着自己的利益，是目光短浅的表现，最终会让你失去既得的利益。

有一位因车祸而住进医院的老大爷，很想借此机会敲诈肇事司机，于是就在医院开了许多与车祸创伤无关的营养药品，花了许多不该花的钱。他认为这些钱都应该由肇事司机出，肇事司机刚开始愿意承担医药费，但是老大爷却没完没了地找借口想要得到更多的赔偿。

最终，肇事司机在忍无可忍的情况下，让交通队查明了事故的原因，最终，老大爷应该承担70%的责任，也就是说，他花的钱越多，自己所承担的也就越多。在得知这个消息之后，老大爷一脸沮丧地说："早知道是这样子，我不应该开这营养药啊，医院的药这么贵。也不应该得寸进尺，向人家乱要钱啊！真是聪明反被聪明误！"

生活中，诸如老大爷这样的人有很多，对此巴罗教授告诉我们：一方面，人们在为私利考虑的时候，不能够太过"精明"，因为精明不等于高明，太精明往往会坏事；另一方面，他对于理性行为的假设的适用性提出了警告。如果我们如古语所说"逢人只说三分话，未可全抛一片心"，这当然是足够理性的，甚至可以说是"真理"，但是如果每个人都这样"理性"的话，那么每个人得到的都将会是"三分真话"，这无疑会极大地增加人们的交际成本。所以，对于纯粹的"理性"，我们也是要辩证地看待的，否则，事情的结果往往会与初衷大相径庭，非但损人，而且不利己。

6. 信任也是一种致命的冒险

在“囚徒困境”中，两个犯罪嫌疑人之所以在警察的策略下选择坦白自己的罪行，最为关键的就在于相互间的不信任，也就是说，信任在利益面前就会变得不堪一击。这从侧面说明，在社会合作中，信任是一种极为珍贵而又十分稀缺的东西，没有了它，现实中的任何合作都会出现“囚徒困境”的局面。这也从侧面告诉我们一个事实：在这个世界上，没有绝对值得信任的人与事，只要有信任，就会伴随一定程度的风险。

刘贤、张弼和宋青在同一家小型的软件公司工作，刘贤是业务部的经理，张弼是技术研发部的经理，宋青是程序操作部的经理，可以说，他们3人都是公司至关重要的人物。

他们3人都遇到了一件令他们头疼的事情，那就是总经理将他的外甥——张兵调进公司做副总经理。张兵没有真才实学，到公司一段时间，没做成一件正经的事。每天除了陪客户吃喝玩乐，便是对公司中有实权的管理人员指手画脚。这让刘贤、张弼和宋青都忍无可忍。最终，3个人商定，要联合起来，逼总经理让张兵辞掉或者降职。不料，张兵却对自己的舅舅说：“这3个部门经理对我们不满是假，向您示威是真。”

总经理对此也很生气，他向来对公然挑战他权威的人很是反感。于是，就找刘贤、张弼和宋青大发一通脾气。刘贤眼见引火上身，便一同商量要采取以退为进策略，一起以辞职来再次威胁总经理。

公司的3位骨干辞职让总经理有些担忧。不料，张兵虽然不务正业，但是手段却很高明，他技高一筹，便马上向总经理提议，刘贤是业务部门的经理，虽然有些猖狂，但是却掌握着公司80%的客户，如果将他辞掉，公司便会像断了腿脚一样，很难进一步向前发展。于是，总经理便采纳了张兵的建议：将张弼和宋青辞掉，给刘贤升职，任命其为公司的副总经理，让张兵做他的助理。

如此一来，最终倒霉的却是张弼和宋青。在刘贤的升职宴会上，张弼和宋青对刘贤很是生气，怒斥道："如果你不接受这次升职，我们俩也不至于落到如此悲惨的下场！"

从这个故事中，我们不仅可以看出刘贤极深的城府，而且也更进一步证明信任在博弈中的重要性。

对此，关于刘贤、张弼和宋青的博弈，如果刘贤态度坚决，那么，这次 3 人便可以留职，并且有可能会扳倒张兵。但是，因为刘贤的妥协，便让张弼和宋青倒了霉。如果升职的收益为 1，留职的收益为 0，而辞职的收益为－1，那么，3 人博弈的收益矩阵表示如下。

<table>
<tr><td colspan="2" rowspan="4">刘贤/张弼/宋青</td><td colspan="2">张弼和宋青</td><td colspan="2"></td></tr>
<tr><td colspan="2">坚决</td><td colspan="2">妥协</td></tr>
<tr><td colspan="2">张弼</td><td colspan="2">宋青</td></tr>
<tr><td>坚决</td><td>妥协</td><td>坚决</td><td>妥协</td></tr>
<tr><td rowspan="2">刘贤</td><td>坚决</td><td>1/1/1</td><td>1/－1/－1</td><td>－1/－1/1</td><td>－1/0/0</td></tr>
<tr><td>妥协</td><td>1/－1/－1</td><td>0/0/－1</td><td>0/－1/0</td><td>0/0/0</td></tr>
</table>

在这个博弈中，总经理可以将 3 位管理者的其中两位解雇，但他无法接受 3 位管理人员共同辞职。如果 3 人态度坚决，一起要求辞掉张兵，那么 3 就有可能如愿以偿。但是如果有一人有所保留，另外两个就会被炒鱿鱼。任何一个信任博弈都有安全的做法，使你一定获得某种收益。但是也有极为冒险的策略，如果你的对手做了其该做的事，那么你便可以获得高收益。

在生活中，这类事例不胜枚举。比如参加罢工要求加薪或者团体讨薪的工人就经常涉及信任博弈。一般来说，工人要想全部达到目的，就必须要团结一致，这时候，雇用者或者欠债者都必须要做出让步。但是参与罢工是有风险的，如果有工人在雇主或者欠资者在答应要求前就放弃罢工，坚持罢工者便会受到极为沉重的打击。

其实，就任何一个涉及信任的博弈而言，较好的解决办法便是让所有的局中人都采用冒险的做法，可是只要稍有怀疑，可能冒险的方法便不会是最佳的选择。

7. 赢得合作者的信任比信任合作者更为重要

在《三国演义》的赤壁之战中有这样一个情节。

曹操率 80 万大军东下，东吴都督周瑜在接到曹操的挑战信之后，即毁书斩来使，以表示要与曹操抵抗的决心。于是便引发了曹操与东吴在三江口的一番交战。

最终，周瑜虽然打了胜仗，但是仍旧行事小心谨慎，进行调查研究。连夜暗窥曹营，周瑜发现曹操水军的指挥官是从刘表手下归降曹操的蔡瑁、张允，这两人“深得水军之妙”，是东吴破曹的主要障碍，于是，周瑜便产生了“必设计先除此二人”的打算。曹操正在为破吴无策发愁时，忽然有曹营中的幕僚蒋干出来自荐，说愿意去东吴说服周瑜前来归降，而且表示保证能完成任务。

周瑜听说老同学蒋干来访，便在群英大会的宴席上定下了“只叙朋友交情”，不提“军旅之事”的规矩，封住蒋干的口。进而周瑜又向蒋干显示江东英杰云集、“兵精粮足”的实力，炫耀自己“遇知己之主”，受到信任重用的地位，断绝蒋干说降的念头。在夜间，周瑜与蒋干便“抵足而眠”，佯装酒醉酣睡，诱使蒋干偷走一封伪造蔡瑁、张允投降东吴的书信，还安排了“江北有人到此”来暗中联络的情节给蒋干看，让蒋干对书信确信无疑。

蒋干原为没有完成说降周瑜的使命发愁，幸亏得了这一份重要的“情报”，于是便连夜溜回了曹营中去报功。曹操看了这封信大怒，便说道：“蔡张二将怎么可能谋反呢？”

这个时候，蒋干说了一句极为关键的话：“就算两人没有谋反的动机，但是如果他们知道丞相怀疑他们谋反，他们已骑虎难下，必会谋反！”

就这样，曹操在权衡利弊之后，最终，便下令杀了蔡、张二将。

在计谋中，这种策略便叫作“反间计”。仔细分析这个博弈参与者之间的关系：蔡张（蔡瑁和张允）两将与曹操是合作者，周瑜与三者是对抗者。在博弈中，曹操和蔡张两者如果选择合作的策略，那么，其显然会得到最好的结果，即曹操利用“深得水军之妙”的蔡张二将与周瑜相抗衡，便能够增加取胜的可能性，这显然是最好的结果。然而，这个结果因为曹操的怀疑而无法达成。

对于蔡瑁和张允来说，他们也应该选择能为他们带来最大收益的策略：跟着实力雄厚、兵力庞大的曹操。而曹操有他们二人的帮助，也会如虎添翼。而如果二人知道遭到了曹操的怀疑，那么，显然会选择真的背叛。但是二人选择背叛去投靠周瑜显然不如跟着实力雄厚的曹操更为实在。

也就是说，即便是蔡张二人不想背叛，曹操不想杀他们，但是因为蒋干将信交到了曹操的手中的时候，曹操唯一的合理的结论便是蔡张会背叛，而蔡张二人的唯一合理的结论便是要杀他们。

在这样的情况下，双方要得到好的结果，并非是相互间的信任那么简单，双方还必须要形成一个信任的循环才成，即曹操相信蔡张二人不想谋反……

诸如此类的事例在生活中比比皆是。

比如一个企业被传出哪个技术员工要辞职的消息，那么，上司便不会再重视他，便不会轻易将大的项目交给他去负责，一有出国培训或学习机会，也不会考虑到他。那么，其最终的结果便是那个员工真的辞职。

两家企业要合作做生意，如果有其中一个企业被传出资金链紧张的消息，那么，很有可能这个合作计划要泡汤。

一对夫妻，丈夫如果被传出有出轨的迹象，那么，妻子便会疑神疑鬼，从而不断地惹怒丈夫，彼此也便失去了幸福。

……

这一系列的事实告诉我们：要想与一个对手合作，并且合作成功，取得对方的信任，要比信任对方更重要。很多时候，彼此间一点点不信任的火星，便有可能会往复地回旋，在合作的坦途上烧起燎原大火，使原来的合作化为灰烬。

8. 置对手于“困境”中的策略：观鹬蚌相争，坐收渔翁之利

有一天，海滩上阳光明媚，一只河蚌张开了蚌壳，安静地躺在沙滩上晒太阳。有一只正在觅食的鹬鸟看到了它，便悄悄地走到蚌的身边，伸出长长的嘴，想将海蚌身体中的肉啄出来。然而，鹬鸟的嘴巴刚刚伸进蚌的身体中，蚌就及时将自己的两片硬壳合上了，将鹬鸟的嘴巴给夹住了。

接下来，鹬鸟就将头左右甩动，想尽了办法，就是不能将嘴从蚌壳中拔出来。同时，海蚌也不好受，不仅要忍受阳光的暴晒，还要使出浑身的力气紧紧地夹住鹬鸟的嘴巴。

很长时间过去了，两者还是互不相让。鹬鸟恶狠狠地对海蚌说：“今天不下雨，明天还不下雨，我看你能晒到什么时候？”海蚌也不

甘示弱，说道：“我今天夹紧你，明天也夹紧你，你的嘴始终出不去，看你要挨饿到什么时候?”就这样在不断地争吵着，有一个渔夫经过了，看见海蚌和鹬鸟困在了一起，于是，便走上前去，笑眯眯地将它们两个一起捉去了。

这个故事便是“观鹬蚌相争，坐收渔翁之利”的故事，经常用来比喻双方争执不下，结果两败俱伤，让第三者得利的情况。换句话说，看不到真正的敌人，就会给强敌制造十分有利的机会，给争执的双方带来灭顶之灾。

本来鹬鸟和蚌处于十分有利的位置，两者如果选择合作，便会让第三者——渔翁出局。但是两者争执不下，都不肯退让，最终置自己于“囚徒困境”的两难选择。如果不考虑外在条件，不合作要比合作更能获得多的利益，所以，最终才让渔翁有了入局的机会，得到了好处。

这个故事也从侧面告诉我们：“囚徒困境”不仅是两个囚徒之间的心理较量，也是囚徒与警察之间的心理较量。如果你仔细分析囚徒困境，便能发现，在这场较量中，警察是最大的受益者。其聪明之处，就在于巧妙地设置了一个条件，以置两个囚徒于困境之中，最终坐收“渔翁之利”。为此，生活中，我们也可以巧妙地为敌人或者对手设置“困境”，让自己观鹬蚌相争，坐收渔翁之利。

一对兄妹在家中玩耍，因为不小心将家中价值连城的花瓶打碎了，妈妈回到家后，火冒三丈，便责问他们说：“这是谁干的?”兄妹俩都摇头，不肯承认。

随后，任凭父母如何追问，他们都互不承认。对于此，妈妈十分无奈。但是，不一会儿，爸爸便想出了一个办法，将兄妹俩分别关在两间不同的屋子中，并拿出他们俩都最渴望拥有的遥控飞机，对他们说，只要有人说出实话，便将这个遥控飞机奖励给他，如果说谎，那么，就以不准参加周末的家庭郊游作为惩罚。

结果，不到半个小时，哥哥就忍不住说出了实话。

在上述事例中，聪明的爸爸巧妙地设置了一个囚徒困境：让兄妹俩分别待在不同的屋子中，回答同一个问题，并以奖励和惩罚措施为诱因。为了获得最大的收益，兄妹俩最佳的策略便是说实话。

这便是囚徒困境的威力，所以，利用囚徒困境，我们可以学到一点：无论在工作或生活中，如果我们善于建立囚徒困境，那么，不但能将看似很棘手的问题用极为简单的方法解决掉。不管是在商场上还是在职场中，我们都可以尝试这种方法，设置“困境”，坐收渔翁之利。

9. 利用环境设置“困境”：上屋抽梯，利从后来

春秋时期，齐国的大臣崔杼的夫人有极好的容貌，国君齐庄公看上了她，二人暗度陈仓的隐私败露，崔杼积怒在胸，隐忍不发，伺机要报仇雪恨。

有一次，崔杼趁莒国公朝见庄公的机会谎称患病，请假在家中休息。第二天，耐不住欲火的齐庄公想借看病人之名，驾临崔家想与情人再度幽会。

崔杼与早就想挟私报复的宦官贾举合谋，将庄公的随从挡在门外。庄公一进门，早已经暗藏待命的崔杼门徒一拥而出，将齐庄公铁桶一般围了起来。被围困的庄公顺着梯子，已经登上了院中的高处，先哀求和解，然后再提出盟誓签约与崔杼分享齐国。门徒们异口同声地回绝道：不行！崔杼这帮家奴真是了得，他们不仅圆满地

落实了主子的意图，还不无揶揄地帮自己的主人崔杼说话：“主公，您的大臣崔杼有病卧床，不能前来聆听圣谕。我们主人的宅院跟您的宫殿相邻，在下这帮奴才奉命捉拿奸夫。请原谅，我们不敢领受别的什么吩咐！”可怜一国之君，就这样落了个龙威扫地。

齐庄公见自己如此狼狈，便想到要逃跑，他刚刚翻上墙头就被一箭射中了屁股，“啪”的一声，从高大的墙头上摔落下来。刀斧相加，齐庄公就这样死去了。

其实，崔夫人本来是齐国一位已亡士大夫的妻子，崔杼看她长得漂亮，就娶了她做二老婆，不想作为庄公情人的崔夫人竟然又成了齐国国君一命归西的鸩酒。

崔杼杀齐庄公的故事，将这个上屋抽梯的兵家谋略演绎得利利落落、从从容容。在崔杼与齐庄公的这场博弈中，崔杼等齐庄公上梯之后，便抽掉梯子，将他置于进退两难的困境之中，巧妙达到目的。

其实，“上屋抽梯”可以说是一种诱逼计，和关门捉贼之计有相似之处，起关键的是在于一个“诱”字。其常用的做法是制造某种使敌方觉得有机可乘的局面（置梯与示梯）；然后引诱敌方做某事或进入某种境地（上屋）；最后截断其退路，使其陷于绝境（抽梯）。上屋抽梯还可以和别的计连用，如抽梯之后，关门捉贼等。当我方发现敌人在扩张势力，并且在筹划击垮或吞并我方时，我方可以用上屋抽梯这一计谋来保全自己，更可以用它坠过来击垮或兼并敌方的力量。

10. 以“相对速度”求得生存：只需比对手跑得快一些

囚徒困境中，背叛可能是囚徒的最好的选择。这告诉我们一个道理：每个人都在为获得最大的生存利益而充满理性。当我们身陷困境中，别无选择时，就应该尝试用“相对速度”获得发展。

两个猎人到森林中去打猎，不知不觉，暮色降临，猎人们决定安营扎寨过一晚上。哪知半夜的时候，突然一声巨响，一个猎人赶忙起床穿衣系鞋，而另一个猎人则十分不屑地说：“你再快，能跑得比老虎还要快吗?”起床的猎人回答说：“我不需要比老虎跑得快，我只要比你快就行了。”

在上述故事中，两个猎人在老虎来时，都面临着两个选择：逃与不逃。如果不逃，就会没命。如果不逃，要替朋友牺牲，这便不是博弈所谈论的范围内。如果两个人都选择不逃，那么便会出现两种情况：一是两人都被老虎吃掉。二是其中一个人比同伴跑得更快，牺牲同伴，自己活命。

总之，不逃，两人都会没命。但是如果逃跑，不一定能活，但也不一定不能活命。所以，对于他们来说，逃跑是首要的选择。如果再进一步进行博弈，他可以跑不过老虎，但一定要比同伴跑得快，用“相对速度”赢得存活的生机。

自然界处处存在竞争，当清晨的第一缕阳光洒进树林中，每一只羚羊都在想，我一定要比同伴跑得快，才能避免被狮子吃掉；而每一只狮子等睁开眼睛之后，也一直在想，我也一定要比同伴跑得快，才不至于因为抓不到猎物而被饿死。

我们生活在群体之中，竞争同样是处处存在的。生活在一个充满竞争的群体之中，我们必须要抢先占领优先位置，才能打破“囚徒困境”的局面，才能脱颖而出。

杰瑞和雷丝同是一家菜店的伙计，原本他们拿着同样的薪水。一段时间后，老板发话说：“公司内部有一个管理职位，谁做得好就把这个职位给谁！”

从此之后，杰瑞和雷丝工作起来都很卖力，但是，最终老板让杰瑞升了职，并加了薪水，而雷丝却还在原地踏步，甚至还面临被裁的危险。雷丝觉得自己每天都把工作做得很好，很不明白老板为何把升职的指标给杰瑞，便经常在老板那儿发牢骚。

老板耐心地听完雷丝的抱怨，沉默了一会儿，就说道：“你现在到集市上去一下，看一看有什么卖的？”

一会儿工夫，雷丝便从集市上回来了，他汇报道：“集市上只有一个老头拉着一车白菜在卖。”

“有多少斤白菜？”老板问道。

见雷丝摇摇头，老板又问：“价格是多少呢？”

“您只是让我去看看有什么卖，又没有叫我打听别的。”雷丝委屈地申明。

“好吧，”老板接着说，“现在你到里屋去，别出声，看看杰瑞怎么说的。”于是老板把杰瑞叫来，吩咐他去集市上看看有卖什么的。

很快，杰瑞就从集市上回来了，他一口气向老板汇报说：“今天集市上只有一个老头在卖白菜，目前共200斤，价格是6毛一斤。我看了一下，这些白菜质量不错，价格也低，我猜想您估计会喜欢，所以我把那人带来了，他现在正在外面等您回话呢。”

此时，老板叫出雷丝，语重心长地说：“现在你知道为什么杰瑞的薪水比你高了吧？”雷丝无语。

杰瑞和雷丝都想升职，但管理职位却只有一个。于是，为了能够升职加薪，他们俩便陷入了“囚徒困境”之中。而最终杰瑞能够脱颖而出，是因为他做得比雷丝多一些、全一些。这告诉我们：你可能不是能力最强的那一个，但是只要你做好充分的准备，做得“比其他人”好一些，便能胜出。

我们生活在群体之中，有合作，但是竞争不可避免。在一个充满竞争的环境中，我们必须要正确地找准自己的位置，尽可能地提升自身的能力，否则很有可能会成为别人的绊脚石，被横扫出局。现在许多企业都采用“末位淘汰”机制，如果你不用心，不比你的同事领先一点，那你便只能告别这个舞台。

我们每个人都生存在“比较”中，不要总想着你已经完全尽力了。失败者的“我已尽力”在博弈论中是得不到同情的，唯一的便是被淘汰出局。你的所谓的“尽力”可能并非是你的真正实力。一个人要想更优秀，仅靠“尽力”是远远不够的，你可能不是跑得最快的那一个，但一定要比你的对手快。

11. 放手一搏，就有可能走出“困境”

在“囚徒困境”中，两个囚徒在理性的情况下做出了“背叛”选择。但是，如果两个囚徒能拼死冒一冒险，放手一搏，相信对方都选择“抵赖”，即为双方合作，那么，有可能会获得最大的收益：无罪释放。

生活中，处于困境中的人，如果能有一些冒险精神，敢于放手一搏，也有可能会死中求活，获得更大的收益。

秦始皇在统一中国后，为了抵抗匈奴，发兵30万，征集了民夫几十万来建造长城。并且为了开发南方，又动员了军民30万。他又用70万囚犯动工建造一座巨大豪华的阿房宫。到了二世即位后，他又从各地征调了几十万囚犯和民夫，大规模修造秦始皇陵。陵墓还没完工，二世和赵高又继续奉命建造阿房宫，这种劳民伤财的举动逼得当时的百姓怨声载道。

公元前209年，陈胜和吴广一同被派往渔阳（今北京市密云西南）去防守。在大泽乡的时候便遇到了大雨。秦朝的法令很严酷，被征发的民夫如果误了期，就要被杀头。大伙儿看着雨下个不停，急得真像热锅上的蚂蚁似的，不知道怎么办才好。此时，可以说他们已经陷入走投无路的境地，如果老天再这样下雨，那么，他们肯定会延误期限，就一定会被处斩。所以，身为弱者，他们的优势策略就是尽快赶到，但这已经是不可能的，也因为此，他们要么到渔阳白白送死，要么造反，鱼死网破，放手一搏，求得生存。

于是，陈胜便偷偷跟吴广商量："这儿离渔阳还有几千里，无论怎么也赶不上限期了，难道我们就白白地去送死吗？"

吴广说："那怎么行，咱们开小差逃吧。"

陈胜说："开小差被抓回来是死，起来造反也是死，一样是死，不如起来造反，就是死了也比送死强。老百姓吃秦朝的苦也吃够了。听说二世是个小儿子，本来就挨不到他做皇帝，该登基的是扶苏，大家都同情他；还有，楚国的大将项燕立过大功，大家都知道他是条好汉，现在也不知道是死了还是活着。要是咱们借着扶苏和项燕的名义号召天下，楚地的人一定会来响应我们。"

在博弈论看来，人追求的是利益最大化，即使是弱者，他追求的也是尽量减小自己的损失，当然，是否能成功、怎样去行动，就得靠计策来实现了。所以，陈胜和吴广进行了一系列的筹划工作，便顺利地建立了历史上第一支农民起义军，两人便在死里求得了生存。

对于此，我们可以用"囚徒困境"加以解释：胆子大，有两个结果，可能有风险，也可能没有风险，但是却能够获得一定的收益。退一步说，即便有风险，也是在一个人的心理预期范围内的；胆子小，那便没有风险，当然也没有收益、没有进步。简言之：胆子大是找死，但是有可能会死中求活；胆子小却是等死，并且必死无疑。当然，我们也可能会说这只是侥幸，不是每个人都有他那样的运气的。但是，我们由此可以得到这样的结论：撑死胆大的，饿死胆小的。

这个故事也告诉我们：有时候，冒险获得的收益要比理性选择所获得的更大。现实生活中，那些成功者无不是有胆识、有魄力、敢于冒大险的。

面对强大的对手，后退是弱者一方的优势策略，但是，如果弱者的后退不但不能给他带来利益，反而让他失去了生存的机会，那么弱的一方也就会选择前进，放手一搏，虽然这不免是自取灭亡，但总比任人宰割等死要强得多。再则，博弈者所讲究的是策略，在很大程度上，策略也是一种力量，所以实力的大小有时也并不是绝对的，它也是变化着的。在大泽乡起义中，获取胜利的陈胜、吴广就是一个很好的例证。

由这场起义中，我们可以看出，对于弱者来说，要想在这场博弈中获得成功，其弱者之间的合作也是必不可少的，所以，对于弱者是否能避免损失，获得成功，很大程度上，还要看是采用何种博弈方式。

12. 婚恋中的“囚徒”男女：如何突破困境，赢得美满

刘雨和张强是在一次宴会上认识的，自从互留了电话号码后，很快便坠入了爱河。在恋爱中，刘雨曾许诺：这辈子非张强不嫁；张强也许诺：这一生非刘雨不娶。他们的恋爱进行得很顺利，不久

便进入了婚姻的殿堂，并且很快有了宝宝。

结婚后，日子平淡如水，再没有了恋爱时的激情。4 年过去了，刘雨感觉张强变了心，好像不像之前那么爱她了。恋爱时，张强下班后都会抢先回家，变着花样给刘雨做好吃的。每天早上上班，都会早早地起来，帮助做早餐，然后再送她去上班。但是，现在回到家别说做饭了，连孩子也懒得带了。刘雨每天上完班回到家，不仅要忙着去接孩子放学，还要准备饭菜。重要的是，两人之间几乎没有了共同话题，沟通也越来越少。刘雨觉得他们之间的婚姻名存实亡，但又不知道该怎么办。

从上述事例来看，处于婚姻中的刘雨和张强也类似走入了“囚徒困境”之中。其实，从他们步入恋爱的第一天起，便进入了“困境”中。在困境中，如果双方都不变心，那是最好的结局，在天愿做比翼鸟，在地愿为连理枝；一旦双方都变了心，结果也坏不到哪里去，大不了你走你的阳关道，我过我的独木桥；如果仅仅是一方变了心，另外找到了更好的情侣，一方却还傻乎乎地忠贞不渝，那么，另寻他爱的一方是最幸福的，相比两个人都不变心的结果还要幸福，因为他找到了更好、更适合的爱人，相反，被抛弃的一方则是最不幸的，相比两个人都变心的结果更加不幸，因为他承担的压力不仅仅来自于对方的太幸福，也来自于自己的太不幸福。

根据囚徒困境的分析来看，恋人最得意的选择是另寻他爱，最天真的选择是地久天长，最理性的选择是各奔前程，最糟糕的选择应该是被另寻他爱的一方无情地抛弃。但问题是，最满意的结局又太过于缺德，最天真的结局太过于虚无，最理性的结局太过于残忍，最糟糕的结局又让另一方太过于伤心难过。

所以，囚徒困境的事例告诉恋人一个最重要的事实：问题主要出在应对策略上，最好要严格防范对方，就像一个囚徒防范另一个囚徒一样。但是，反观现实生活中的恋人们，大部分都希望能够地老天荒，没有谁愿意悬崖勒马，回头是岸，甚至被对方抛弃了还不死心。

那究竟为什么会这样呢？因为，纵爱的恋人和纵火的囚徒，其博弈状况有一个重大的不同。当囚徒被警方抓住之后，是被隔离审查，双方得不到任何消息。因此，他们无法订立攻守同盟，即便是能够订立，谁又能保证自己或对方永远不毁约呢？而且，为了使对方不变心，总要想方设法让对方相信，你遇到我是你几世修来的福，而我遇到你也是千年不遇的情缘。但是，处在恋爱中的人不知道世间没有什么誓约是不变的。许多爱情的悲剧常常都从背信弃义开始，而天下又几乎没有不发誓约的爱情。

这就是整天黏在一起的恋人的博弈情况。而对于天南海北的恋人来讲，彼此就像被隔离审查的囚徒一样，只不过不是被关在两间牢房，而是山高水远的天涯罢了。根据博弈的原则来看，他们除了违背誓约外，似乎没有更好的选择。他们要想在恋爱中立于不败之地，最好的选择是不遵守爱的诺言，这样他们才能走出“囚徒困境”。

殊不知，“囚徒困境”这个结论在实际生活中是有问题的。因为，生活中，恋爱成功的人并不在少数，但厮守一辈子的却屈指可数，不能说他们都是勉强在一起的。实际上，他们有的还的确生活得相当幸福。

相信，大部分情侣的爱情生活过得还是相当快乐的。那么，到底是什么机制让他们能够信守誓约呢？百思不得其解，若要顺着博弈论的思路往下看的话，每次得出的答案似乎总与道德伦理有错综复杂的联系。正如恋爱中的人一样，他们自己认为选择最有利的选择，但他们不知在得到利益之时，自己的损失也相当大。

恋爱的过程一般都是重复博弈的过程。那么，在这个重复博弈的过程中，谁将是情场上的赢家呢？谁将在博弈中获胜呢？胜利也总是属于那些善意的、宽容的、简单明了的恋人们。反之，恶意的、尖刻的、软弱的、复杂的恋人们往往才会败北。

本来应该提防恋人才能在恋爱中获胜的简单博弈模型，因为有了不绝于耳的爱情誓言，更因为有了对善意的、宽容的、简单明了的原则的把握和利用，人世间才有了很多美丽的爱情和幸福的婚姻。

第三章

重复博弈：

天长地久的聪明策略

1. 重复博弈：是“一锤子买卖”还是“长期合作”

“胡庆余堂”是红顶商人胡雪岩的毕生心血。在世纪更迭、战火纷飞的年代中，无数金字招牌都未能幸免于难，而“胡庆余堂”只因为胡雪岩谦虚的品格而支撑了下来。

胡雪岩开办药店之所以能够成功，其主要讲究货真价实，在任何时候，他都将质量放在第一位，毕竟人命关天，在开药店之时，胡雪岩就将自己写的“戒欺”的匾挂在店铺之中。不仅是对于自己的药店档手、伙计的告诫和警醒，同时也是确立胡庆余堂的办店准则。他要求店里的每一位员工都做到：

第一，“采办务真，修制务精”，也就是说方子一定要可靠，选料一定得实在，炮制一定要精细，卖出的药一定要有特别的功效。

第二，药店上至“阿大”（药店总管）、档手，下到采办、店员，除了要勤谨能干之外，更要诚实、心慈。胡雪岩认为，只有心慈诚实的人，才能够时时为病人着想，才能时时注意药店的品质。

有一天，一位老农到“胡庆余堂”买药，掌柜的看到老人是位农夫，买的鹿茸也不多，就不耐烦地赶他走。老农出来后，脸上露出不悦之色，边走嘴里还不停地抱怨。

这时候，刚好胡雪岩从外面进来了，看到这一幕，便和颜悦色地询问老人：“是不是药店有什么招待不周的地方？”老人见胡雪岩衣着、谈吐皆不凡，便知道他一定是个管事的人，便说道：“药店的鹿茸切片放置时间太久，有些返潮，希望贵店不要提前将鹿茸切片，等有人来买时再切会更好些。”

这话刚好被店里的掌柜听到了，就忙威胁对方说：“这里卖的都是上等的鹿茸，不要在这里胡说八道。”这时候，胡雪岩却对掌柜摆了摆手说："怎么能这样对待客人呢?"然后就又对老人说，"您是这里的常客，您的建议我会虚心接受，下次保证让您买到新鲜的鹿茸。这次您买鹿茸的钱可以退还给您，希望下次再来!"

老农夫看到胡雪岩如此谦虚、诚信，就大为感动，逢人就夸"胡庆余堂"货真价实，而且每一次进城都会给胡雪岩带些土特产，渐渐地，两人便成了忘年交。

不仅胡雪岩讲诚信，他手下的人也是这样。只有诚实守信，不欺骗别人，药店才不会坏了名声、倒了招牌；只要药品货真价实，自然不会发生大的麻烦。

对于胡雪岩来说，经营药店、面对顾客可以有两个策略：一是不讲诚信，一锤子买卖，从顾客身上大捞一笔钱；二是讲求诚信、重视质量，将顾客利益放在第一位。第一种策略的结果是顾客越来越少，药店的生意越来越差。第二种策略的结果便是声誉越来越好，顾客越来越多，药店的生意越来越好。

而对于顾客来说，第一次到药店中获得了良好的服务，得到了货真价实的药品，获得了实惠，便会第二次选择光顾。顾客每一次作出是否到店中继续买药的决策之前，都会根据自己以往对药店买药时所获得的实惠来判断。所以，胡雪岩要想长久地维持药店的生意，就必须采取第二种策略，不断地给顾客货真价实的药品与更周到的服务。

这个事例，其实引出了博弈学中一种特殊的博弈形式：重复博弈，即在博弈中，相同结构的博弈重复很多次，甚至无限次。其中，每一次博弈都称之为"阶段博弈"。在每个阶段的博弈中，参与人可能同时行动，也可能不同时行动。因为参与人过去的行动的历史是可以观测的，因此在重复博弈中，每个参与人可以使自己在每个阶段所选择的策略依赖于其他参与人过去的行为。

生活中，经常会遇到这种情况：当你去市场购买东西的时候，比如你去买一件衣服，当你走到店里，看中了一件很漂亮的上衣，但是因为不常来这里，同时又害怕会上当受骗，正在犹豫不决之时，店老板开口了："姑娘（小伙子）你眼光真好，这件衣服真的挺不错，卖得可好了，质量绝对没问题，你放心吧，如果有质量问题你可以来换，我天天在这里卖衣服，还害怕我跑了不成。"其实，在这里，他强调"我天天在这里卖衣服"，你便会放下心来，与之成交，因为他的这句话，"翻译"成商业语言就是"诚信"。

事实上，在人生中处处存在着博弈，其博弈的过程就是一个永无止息的决策过程，而人们所决定的某个策略，其本身就是为了谋求个人利益的最大化，诚信也一样，它是人们在重复博弈、反复切磋过程中谋求长期的、稳定的物质利益的一种手段。

其实，博弈本身是"赌博"与"下棋"，其结果是你赢我输或我赢你输，但这只是在单独的一次博弈中所呈现出来的，也就是只要有可能，每个人都倾向于利用自身的优势为自己谋求最大化的利益，但这就可能给对方带来损失，而对方也是同样的人，只要有机会也会这么做，于是双方都要采取措施来防范对方，白白增加了很多"交易成本"。所以，在博弈中讲究诚信可以减少欺骗，增加相互的信任，因为上当受骗的人能够进行"一报还一报"的报复行动，报复来报复去的长期结果是，理性的人们会认识到，这样大家谁也没有好处，于是就把相互欺骗减少了，所以也只有在博弈中运用诚信，才能获得更大的利益。

这告诉我们，诚信首先是基于利益需要而做出的一种策略性选择，而不是基于心理需要而做出的道德选择。所以，对于博弈者来说，如果双方都想长久地获得利益，就必须建立长久的重复博弈，如此才能实现双方的利益最大化。

2. 没有“未来”，必然背叛

重复博弈其实主要反映这样一个道理：在实际生活中，讲的是“一锤子买卖”还是“长期合作”的问题。如果是一锤子买卖，比如大家所熟悉的，在很多车站或旅游景点的商贩，其卖的饭菜既难吃价格又昂贵，所卖的商品质量不好，而且服务态度又差，甚至假货横行。这主要是因为商家与顾客之间“没有下一次”，顾客会因为其饭菜好吃或者商品价格低廉而再次光临的可能性几乎是微乎其微，因此，在正常情况下，商家要获取较大的利益，其最理性的选择为：一锤子买卖，能多赚就多赚。

同时，对于顾客来说，尽管饭菜难吃、商品质量差、服务态度不好，但是因为要赶路，不会花精力或者花时间予以追究。综合分析，对于火车站的商贩们来说，卖口味不好的饭菜或者次品要合算得多。

然而，如果开在正式场合里的饭店或者商店就完全不同了，同时，其性质也完全不一样。这种情况下，饭店或者商场的消费群基本上是固定的，与消费者进行的是一种“长期的合作”关系。如果其饭店的口味差、价格贵，其口碑就会比较坏，很快就会“关门大吉”。同时，正式场所的大型商场也一样，如果商场中的商品质量差、价格贵，同样也会被人们“臭名远扬”，也很快就会面临倒闭的危险。

生活中，诸如此类的事情不胜枚举。在公共场合，两个陌生人如果发生了矛盾，会大吵大闹，而如果相互间是熟悉的人，则可能会相互谦让。朋友或者熟悉的人在交往的时候，相互间都会彬彬有礼、注意细节、懂文明、讲道德，因为他们之间需要长时期的交往或者合作，并且对未来充满期待。

以上的事实说明，对未来的预期是影响人们行为的重要因素。一种是预期收益：我这样做将来能够获得什么好处？获得哪些益处？另一种是预期风险：我这样的行为或者话语可能会给自己带来什么样的麻烦？这些预期影响着一个人的策略。

其实，只要有人际交往的地方，都会出现重复博弈形式。每一个人与他人交往的时候，都可以简化为两种基本的选择：合作还是背叛。在人际交往中普遍存在"囚徒困境"：双方明知合作会带来双赢，但是因为彼此间的不信任或者信息的不对称而导致合作难以形成。而且，一次性的博弈会加剧双方选择背叛的决心。背叛是一个人理性的选择，但是却直接导致集体的非理性。

在这样的博弈中，难道真的没有什么方法能使博弈双方走出"两败俱伤"的局面吗？

答案是否定的。其实，只需在第一次合作之前，双方能够制造出长期交往的机会便可。要知道，在重复博弈中，之所以出现"一锤子买卖"，主要是因为双方之后再不合作。而如果双方能够得到"下一次"的合作机会，那么，双方便不会再存在"背叛"。这就要求双方在进行交易或者交往时，一定要事先给对方透露这样的信息：还有"下一次"，如此才能让另一方讲诚信，促成"合作"的局面。

3. 乞丐为何要1美元，而拒绝10美元

有这样一个故事。

一个小男孩家中非常贫穷，于是，为了养活自己，只有上街去乞讨。

有一天，一个人拿出了一张1美元和10美元的钞票，让小男孩

选择，小男孩只拿了1美元，不拿那10美元。

起初人们都认为小男孩心地善良，不好意思让别人破费。后来，又有人故意拿出一张1美元和一张10美元，让小男孩选择，小男孩最终还是只拿1美元，而不拿10美元。于是，这个只要1美元而不要10美元，似乎有点傻的小男孩的名声便传出去了。

接下来，越来越多的人拿钱来让小男孩选择，人们纷纷拿1美元和10美元放在小男孩的面前，小男孩始终不拿10美元，而只拿1美元。甚至有人反复拿出1美元和10美元放在小男孩面前，就为了取乐小男孩只选择1美元时候的那傻瓜相，有人一口气拿了10次1美元和10美元让小男孩选择，小男孩选择了10次1美元，取乐的人问小男孩："你为什么分10次拿我的1美元，而不一次拿我的10美元呢?"聪明的小男孩故意不置可否，没有任何回答。

取乐的人如果还给他选择1美元和10美元的话，小男孩还是选择1美元，不拿10美元。后来，家里的人问小男孩："你到底为何只要人家1美元，而不要人家10美元呢?"小男孩说："我要拿人家10美元的话，我就跟其他的乞丐一样了，人家也不会故意拿钱来给我选择了。"

小男孩虽然年龄很小，但是心机不小，能够把握住人们的"好奇心理"，将乞丐做出"个性"，做出"品牌"来，故意吸引客户。其实，在这里，小男孩所运用的便是重复博弈，通过"选择1美元，而放弃了偶尔的短期的10美元的收益"的方法制造出重复博弈，从而让自己源源不断地获得更大的收益。

这个故事也说明了长期关系对博弈行为的重要影响。在一次性的博弈中，人们在未来没有再度合作的机会，所以都会以当前的利益最大化来选择自己的行动策略；而在重复性的博弈中，人们在未来还有很多次合作的机会，所以人们可能牺牲当前的一些利益，以谋取未来更多的利益。

实际上，在管理中，员工和管理者之间经常会进行“重复博弈”。管理者经常会遇到类似于乞丐的员工，员工通常都不能够依照管理者的要求去完成工作任务，或者经常迟到、早退等违反公司管理制度。但是，员工们的这些行为不完全是针对所有的管理者的，对于不同的管理者，他们会有不同的行为：如果某个管理者“好说话”，他们就会经常不按时上班，经常早退，或者不按照要求完成工作任务，重复这一行为，尽管他们每一次都保证说“这是最后一次”，而对某些使用“铁腕政策”的管理者，员工就会变得老实多了，因为这些管理者不会心软地给他们一次再来的机会。

其实，在一些企业中，一些管理者遇到这些狡猾的“小乞丐”们着实头痛。其实大部分管理者是愿意给自己的员工一次机会的，但是一些员工经常会利用管理者的“仁慈”，一而再，再而三地重复下去，每次都有颇为合理的借口，而管理者不可能对这些冠冕堂皇的借口给予一一甄别。所以，一些管理者不得不横起心肠，树起“铁规”，不给员工与他重复博弈的机会。而一旦管理者树立起了“绝情”的威信，其所管制的员工便会乖乖就范了。

从上面的叙述中，我们可以看出，小乞丐已经同人们树立了一种长期的合作关系，是一种重复博弈；对管理者而言，他们要避免这种重复博弈，杜绝员工们与他们建立起长期“合作”的机会，让那些“不听话”的员工不得不变得对工作认真起来。

这也告诉我们，在选择策略的时候，一定要考虑到对方有没有重复博弈的可能性。如果没有，比如员工遇到了不讲情面的管理者，那么，最好的策略就是努力工作；如果与对方在未来没有再次合作的机会，那么，就会像小乞丐一样，可以牺牲目前短期利益，以博取未来更多的利益。

4. 看穿诚信背后的利益“驱动力”

上海一家电子配件制造商要与广州一家产品组装厂进行一次商业合作。双方约定了一单300万的生意，即上海厂家要在一定的时间内帮广州厂家生产一批电子零配件，并且广州厂家要事先给上海厂家付一笔订金即50万元。货到全部验收合格后，结清剩余款项。对此，上海厂家有两种策略：讲求诚信，按时交货；不讲诚信，收款后不交货。

为此，双方的博弈将会出现4种情况，我们可以用“收益矩阵”来清晰地表示。

	上海厂家（诚信）	上海厂家（不诚信）
广州厂家（诚信）	上海厂家按时交货，广州厂家及时付款，双方各获得300万利益	广州厂家及时付款，上海厂家却不及时交货，上海厂家得50万利益，而广州厂家获－50万利益
广州厂家（不诚信）	上海厂家及时交货，广州厂家不及时付款，上海厂家获－150万利益，广州厂家得150万利益	上海厂家不及时交货，广州厂家不及时付款；上海厂家得50万利益，互不信任，生意泡汤，上海厂家得50万利益，广州厂家获－50万利益

通过对上述表格清晰地分析，只要一方不讲诚信，双方的利益将会受损。而如果双方都讲诚信，便可达到双赢的效果，即各获得300万的利益。

所以，在经济活动中，企业要获得长久的、稳定的发展，就一定要讲求诚信，这样才能不断地提升自身的声誉、扩大影响力，制造出更多的“重复博弈”，赢得更多的客户资源，降低交易成本，缩小交易范围，最终长久受益。相反，如果一个企业不讲诚信或许能为企业带来一时的利益，但是最终将失去客户的信任与合作伙伴的维护和尊重，也必将很难在市场中有立足之地，最终损害的是企业自身的利益。

其实，这个理论同样适合于人与人之间的交往合作。总而言之，诚信也是一种博弈，一种看似无形，实际能够带来巨大效益的博弈策略。

5. 走出“囚徒困境”：拿起法律或制度的武器，用“带剑”的契约去约束对方

张强是北京一家小型广告公司的部门主管，下属的个人能力都不错，但工作积极性却不高，尤其是迟到、早退现象极为严重。

按照规定，员工每天的上班时间为上午8点钟。但是，多数员工都是每天8点半到9点左右才晃悠悠地过去。因为公司刚成立不久，各项制度都不完善，这也是造成员工工作懒散的重要原因。

为了让属下的员工都能按时上班，张强每周开会都会口头强调要员工自觉按时上班。一周刚开始的几天，大家都很自觉，但时间不久，个别员工便又开始迟到了。两个月过去了，不管张强开会时怎么强调，迟到、早退的员工仍旧很多。因为员工工作态度懒散，导致部门第一季度的业绩下滑许多。

见这种方法不奏效，随后，张强又采取了惩罚措施，每位员工只要迟到一次，就罚款100元，另外还设立全勤奖金，对不迟到、早退、请假或旷工的员工给予300元的奖励，并且将此制度正式形成文字，成为部门内部的一项新制度进行推行。这一举措起到了极好的效果，员工一改往昔的懒散的状态，都老老实实按时上班，再

也没有员工随意迟到、早退、请假或旷工了。一个季度之后，张强带领的部门工作业绩创新高，受到了领导的表扬。

张强与员工之间其实是一场多个人的“囚徒困境”。在刚开始，张强只是口头强调，个别员工迟到后觉得无大碍，于是，就会有更多的员工开始迟到。直到推行新的惩罚机制，才从根本上起到了效果，整顿了员工们懒散的工作习惯，走出了囚徒困境的局面。

英国启蒙思想家霍布斯说：“不带剑的契约不过是一纸空文，它毫无力量去保障一个人的安全。在没有对某种强制的力量有所顾虑的情况下，一纸契约就太软弱无力了，不足以制约人们的野心、贪婪和愤怒等。”

这里所谓的“不带剑”的契约，主要是指没有惩罚机制的契约，这里的剑主要是指必要的惩罚措施。张强刚开始仅通过口头强调的方法想让员工按时上班，但时间一长，没起到任何作用，而后来通过罚款和奖励的措施，却让员工乖乖就范，对提高员工的工作积极性起到了重要的作用。这也告诉我们，在重复的“囚徒困境”中，双方依照一定的合作办事并不是一件困难的事情，困难的是协议对博弈各方是否具有极强的约束力量。因为在任何协议签订之后，博弈参与者都有毁约的动机，当然是要在毁约后能使博弈一方获得最大利益的前提下。

其实，通过带剑的契约来促成合作，在现实生活中比比皆是，尤其是在现代的商业活动中，企业与企业之间在达成合作后，都会签订一份带有法律效力的合同。在合同中，双方都会明确规定违约后的惩罚机制或者条款，比如如果某公司拖延交货日期，就要向另一方交纳一定的违约金作为惩罚。同时，一方违约，另一方还可以通过法律手段让法院强制执行。

有的夫妻在结婚之前都会签订协议，如有一方感情出轨，就要通过“净身出门”等措施，对其进行惩罚。

人与人之间所签订的这些“带剑”的契约，其主要的目的便是为了减少“背信弃义”行为的发生，同时也是维护自身利益的有效手段。这也给我们这样的忠告：在与他人进行合作时，为避免陷入“囚徒困境”之中，除了要慎重地考察对方的信誉问题，还一定要格外地重视契约中是否含有保障履行契约的“剑”，如果没有，那你一定要慎重考虑，免得到头来吃大亏。

6. 走出“囚徒困境”：道德的约束力也是无穷的

在美国洛杉矶银行，一名劫犯被警察包围，无路可退。在情急之下，劫犯顺手从人群中拉过一个人当人质。他用刀顶着人质的头部，威胁警察不要靠近，并且喝令人质要听从他的命令。

警察四周包围，但却不敢上前，而劫犯却想要挟人质向外突围。突然，人质大声地呻吟起来，劫犯喝令人质住口，但人质的呻吟声越来越大，最后竟然成了痛苦的呐喊。

劫犯慌乱之中才发现人质原来是个快要生产的孕妇，她痛苦的声音和表情证明她是因为受到了极度的惊吓之后马上要生产了。鲜血已经染红了孕妇的衣服，情况十分危急。

一边是漫长无期的牢狱之灾，而另一边是一条即将出生的生命，劫犯犹豫了，选择一个便意味着要放弃另一个，而每一个选择对他来说都是无比艰难的。四周的人群，包括警察在内都注视着劫犯的一举一动，因为劫犯目前的选择是一场良心、道德与金钱、罪恶的较量。

最终，劫犯缓缓地举起了枪，慢慢地将枪扔在了地上，随即举起了双手。警察一拥而上，围观者竟然响起了掌声。

孕妇已经不能自持，众人要送她去医院。而已经戴上手铐的劫犯却忽然说道："请等一等，好吗？我是一名医生。"警察迟疑了一下，劫犯继续说道，"孕妇已经无法坚持到医院了，随时会有生命危险，请相信我！"警察终于打开了劫犯的手铐。

一声洪亮的啼哭顿时惊动了所有的人，人们欢声高呼，相互拥抱。劫犯双手沾满了鲜血：是一个崭新的生命的鲜血，而不是罪恶的鲜血。他的脸上挂着满足和微笑，人们开始向他致意，早已经忘记了他是一个劫犯。

这个故事极为感人，这个抢劫犯在以孕妇为人质的时候，其与警察和人质便陷入了一场"囚徒困境"之中，对于抢劫犯来说，要想逃命，必须挟持人质将自己带入安全的境地。但是，在道德力量的感召下，他自动放下武器，达到了"纳什均衡"。

这个故事告诉我们一个道理：在现实环境中，确实存在着一些道德因素，可以有效地化解个人理性与群体理性的矛盾，以维系整个社会系统的稳定。

法律或规章制度固然具有极强的约束力，对保证人与人之间的合作是极为有效的。但是，在现实社会中，社会道德也是有着极强的约束力的。在现实生活中，确实存在一种不带剑的契约即道德，它也能够对人形成约束，保证人从"囚徒困境"中走出来。

但是，我们需要注意的是，道德在很大程度上固然能够使得人们对那些不遵守道德的或者不正义的行为进行谴责，或者对不道德的人不采取合作，从而使得不道德的人遭受损失。这样，会从一定程度上抑制那些不守道德的人自觉遵守社会规则，从而保证整个社会系统的稳定。

然而，在现实的交际活动中，单纯地依靠对手的道德自律来达成合作，使人走出囚徒困境也是一种极为危险的行为。针对这个问题，我们可以通过结合对道德因素的考虑，将交际变成长期的、多边的，从而在整个社会系统中形成诚实守信的动力与压力。

7.“费边主义”策略：“小步慢行”的交易风险会更小

一位商人平时有一个爱好便是收藏艺术品。一次，他到艺术品市场上闲逛，一位商贩声称有10幅极富特点的字画，据说有很大的升值空间，极富收藏价值。这些字画立即引起了商人的注意，根据他多年对古字画的了解，他也觉得这些字画很值得收藏，但是，这只是凭感觉，在没有专门的字画鉴赏专家评定的情况下，他也不是很确定这些字画是否真的值卖家所定的价。

这10幅字画，一幅10万元，商人想购买，但是在不确定字画是否是真品的时候，他很是犹豫。这时，商人有两个购买方案：一次是用100万元买下所有的字画；二是先花10万元买一幅回家，然后，再分9次，将其余的几幅买回。

如果你是那个投资商人，会选择哪种方案呢？

聪明的人一定会选择第二种方案，即“小步慢行”的交易方式，这可以降低投资的风险度。如果选择第一种方案，即一次性用100万购买10幅字画，会让卖家认为欺骗顾客或者卷款携逃的方式是十分值得的。但是采用第二种策略，对方一次仅能得到区区10万元，如果欺骗购买者的话，显然不足以弥补正常交易所带来的利润。

可见，一锤子买卖失败的可能性远远大于细水长流的小笔交易。这种将一次决战变成长期交手的策略，我们可以称之为“费边战术”。

古罗马有一位著名的将军叫费边。在公元前217年特拉西梅诺湖战役中，罗马军队被汉尼拔带领的迦太基军队惨败之后，费边被选为独裁官。因为此时的迦太基军队已经远离本土，所以不能持久作战，费边指出，尽管罗马缺乏足够的资源，但是汉尼拔军队策略的目的只有罗马陷落后才可能取得成功。尽管迦太基军队从此将获取几乎是无尽的补给，但补给线又太长，所以罗马便采用了“迂回战术”，即不与敌人正面交锋决战，而是利用熟悉的地形优势在山区与敌人周旋，消耗迦太基军，使迦太基军队如果决意进攻罗马，就必须要放弃地中海港口。同时，罗马还不断小规模骚扰北非，干扰敌人的补给线，取得了良好的效果。

这种战术之后就被称为“费边战术”，在历史上造成了极大的影响。

“费边战术”在生活和工作中的应用是极为广泛的。一个人的进步，采用“各个击破”，稳扎稳打、积少成多的学习方法，是制胜的不二法门。一个企业的经营、与他人的交往，都可以采用“费边战术”取胜。

霍华·休斯被称为美国的“飞机大王”，也曾经是控制美国的十大财团之一的老板，也是美国环球航空公司的董事长。

有关这位大富豪的创业过程，是充满曲折和神秘色彩的。其中，他运用的是“费边主义”的战术。

有一次，霍华·休斯开车往飞机场驶去，车上还有另一位美国富豪福斯先生。他们边开车边谈生意，福斯在滔滔不绝地谈起一笔2300万美元的大生意，他说要设法做成它。休斯听了福斯的话，似有所悟，立即将车靠边停下来，赶着往路旁的一间药店走去。

福斯不知怎么一回事，便只好在车上坐着等候。不一会儿，休斯回来了，福斯困惑不解地问休斯干吗去了。

“下去打电话，”他说，“我把我在环球航空公司的那张票退掉。因为我要陪您乘另一个航班。”他答完后又继续与对方说起那笔2300

万美元的生意。

福斯笑着说道："我们正在谈2300万美元的大生意，而您却为了节省200美元的机票把我放下去打电话了，这么着急停下来，差点把我撞死了。"

休斯却十分认真地回答说："这2300万美元的大生意是否能够成功还是个问题呢，但是节省的200美元却是实实在在的现款。"

"一鸟在手胜过两鸟在林"，这正是休斯的经营思想，这也是他的稳当的制胜之道。他认为，既然2300万美元是由许多个200美元组成的，那么，他就没有理由因为2300万美元可能到手而放弃、浪费掉200美元。

其实，对于企业来说，注重效益，不该花的钱一分不花，正是在竞争中积小胜为大胜、稳扎稳打、降低经营成本即增加收入的道理。

生活中，如果我们能够综合运用"费边战术"，可以避免许多不必要的背叛。比如一个房地产开发商要将一个楼盘交给一个工程队去建造，在不了解对方底细的情况下，如果提前付款的话，对方可能会偷工减料或者粗制滥造。然而，如果要求完工后再付款的话，对方又担心你会拒绝付款，使工程队无法支付工人的工资。在这样的情况下，房产开发商和工程队便可以要求双方每周或者每月按工程进度来结算。这样，即便发生问题，对方所面临的最大损失也不过是一周或者几个月的劳动工程款。

总之，稳扎稳打、积小胜为大胜的战术，可以最大限度地避免合作中的背叛。这种化整为零、小步前进的聪明策略，相应地缩小了前进的规模，因此也更为容易实行。不仅如此，"费边战术"也可以让我们"摸着石头过河"，这不仅可以让我们对过程进行相应的调整和修订，更容易积"小胜"为"大胜"。同时，在婚恋中，那些经常运用“一哭二闹三上吊”战术的野蛮女友或者妻子，比那些动辄提出分手或者离婚的女人，更容易制伏男人。

8. 得到宽恕的人，反而更可能背叛你

一个小偷因为在街道上偷盗路人的钱包，被警察抓到，并关在监管室中。

第二天，警察在审问小偷的时候，他的认错态度极为诚恳，希望得到警察的宽恕，以尽早摆脱监禁的生活。

小偷向警察哭诉道：“我家中的经济条件实在是很差，家里的人已经接连几天吃不饱饭了，尤其是家中的老母亲，已经饿得不行了……”说着便失声痛哭起来。

警察看到他可怜的样子，便决定拘留几天就释放他，以示宽恕。

但是，这个小偷被释放不久，便又开始干起了偷盗的勾当，又一次被警察抓到。这次，小偷仍想用眼泪来博得警察的宽恕，表示从此要洗心革面，重新做人……

警察在第一次宽恕小偷的时候，便埋下了再次背叛的种子。其实，这是小偷与警察之间的博弈。警察愿意对“抗拒从严，坦白从宽”者进行宽恕，但是不幸的是小偷的自制力很低，需要做出很大的努力才能够控制住自身的欲望。如一旦偷窃，小偷就一定会受到警察的惩罚。那么，他势必就会尽自己最大的努力去克制偷盗者的欲望。但是，小偷如果认为警察一定会原谅自己，那么，肯定会选择再次偷盗。

我们可以假设，如果小偷偷盗而不坐牢的话，他的得益为1，而警察的得益为 －1；如果将小偷关进大牢，他的得益为－2，而警察因为精神上的痛苦，其得益为－2。

我们可以用博弈矩形图来表示如下。

<table>
<tr><td>小偷</td><td colspan="2">偷盗</td><td colspan="2">不偷盗</td></tr>
<tr><td rowspan="2">警察</td><td>不惩罚(释放)</td><td>惩罚(坐牢)</td><td>不惩罚</td><td>惩罚(坐牢)</td></tr>
<tr><td>(2,−2)</td><td>(−2,−2)</td><td>(0,0)</td><td>(0,−2)</td></tr>
</table>

因宽恕将小偷释放，虽然会给警察造成损失，但是却符合警察的价值观，即“抗拒从严，坦白从宽”的求赎动机，因为原谅偷盗行为可以给小偷一个改过自新的机会，否则便失去了这次机会。警察的确可以提前放出狠话，表示对偷窃行为绝不宽恕，但是这种威胁却是不可怕的，偷盗仍旧会发生。那么，要赢得这场博弈，警察应该怎么办呢？

答案便是：只有想办法营造对偷盗者比较严厉的惩罚机制。为了避免放纵小偷再次犯罪，警察不应该轻易宽恕小偷，而应该让对方相信，如果再一次犯罪，受到的是将上一次的罪过一起承担的惩罚措施，以让小偷知道警察的厉害之处。

因此，我们说，警察所奉行的“抗拒从严，坦白从宽”的政策虽然是人性化的，但却不是一个好的博弈策略，这样只会出现更多的犯罪者。

这个事实告诉我们，在博弈中，如果一开始的时候就能够做出宽容、仁慈的行为，使背叛者认为最后一定会被宽恕，反而更会引发博弈者的背叛行为。要防止另一方的背叛，最好的方法，就是让对方相信，如果遭到背叛，你会采用一拼到底的方式给予对方最狠的打击，以达到震慑对方的目的。

第四章

枪手博弈：

只要策略正确，弱者也可以笑到最后

1. 3 个枪手的博弈：谁是笑到最后的人

枪手博弈说的是这样的一件事。

彼此痛恨的甲、乙、丙 3 个枪手准备进行一场决斗。甲的枪法最好，十发八中；乙的枪法次之，十发六中；丙的枪法最差，十发四中。这场看似不公平的决斗就这样开始了。但是新的问题出现了，关于决斗方式，是同时开枪，还是逐个开枪？

如果规定 3 人同时开枪，并且每人只能配一发子弹，一轮枪战后，谁活下来的概率最大？按照正常的思维，甲活下来的概率会大一些，因为他的枪法最好，但是仔细分析一下，其实是枪法最糟糕的丙存活下来的概率更大一些。

博弈论中，理性是至上的。依照理性的分析，我们可以分析一下各个枪手的策略：

枪手甲一定要对枪手乙先开枪，因为乙对甲的威胁会比丙对甲的威胁更大，甲应该首先干掉乙，这是甲的最佳策略。

同样的道理，枪手乙的最佳策略是第一枪瞄准甲。乙一旦先干掉甲，乙与丙进行对决时，乙的胜算就会大很多。

而枪手丙的最佳策略也是先对甲开枪。乙的枪法毕竟比甲差一些，丙先将甲干掉再与乙进行对决，丙的存活概率自然还是会高一些。

现在我们可以根据条件计算一下 3 个枪手在上述情况下的存活概率：

甲：被乙与丙合射，即为 40%×60%＝24%；

乙：被甲先射，甲的枪法命中率为 80%，那么他的存活率为 100%－80%＝20%；

丙：无人先射丙，所以其存活率为100%。

经过详细的分析，得出的结论出乎人的意料：丙的存活率竟然远远地大于枪法好的甲与乙。

枪手博弈是多方博弈，是博弈的最高境界。从3个枪手的最大利益出发去分析、博弈，结果令人惊奇不已。

假如将对决规则改为轮流开枪，还是每一个人都仅有一发子弹，先假定开枪的顺序是甲、乙、丙，甲一枪先将乙干掉后（有80%的概率），就轮到丙开枪，丙有40%的概率一枪将甲干掉。即使乙躲过甲的第一枪，轮到乙开枪，乙还是会瞄准枪法最好的甲开枪，即使乙这一枪干掉了甲，下一轮仍然是轮到丙开枪。所以，无论是甲或者乙谁先开枪，丙都有在下一轮先开枪的优势。

对丙来说，如果轮到他先开枪，最好的策略就是乱开一枪，不要伤到任何一个人。为什么这么说呢？如果丙向甲先开枪，即使丙打不中甲，甲的最佳策略仍然是向乙开枪。但是，如果丙打中了甲，下一轮可就是乙开枪打丙了。因此，丙的最佳策略是胡乱开一枪，只要丙不打中甲或者乙，在下一轮射击中，他就处于有利的形势。只要他不打中任何人，不破坏这个局面，他就总是有利可图的。

枪手博弈的寓意告诉我们：弱者生存，智者胜。如果你是个强者，如何开枪才能使自己存活下来的概率更大一些呢？

这个博弈的结果告诉我们：甲会选择对乙开枪，而乙和丙都会选择对甲开枪。因为他们都必须先杀死对自己威胁最大的对手才有可能存活下来，并且在下一轮对决中占优势。在多人博弈中，常常会出现一些令人意想不到的事情，并造成出人意料的结局。一方能否获胜，不仅仅取决于他自身的实力，更取决于实力对比造成的复杂关系。通过这一个博弈，我们就可以理解以下的“定理”：才华出众者创造历史。人们在博弈中能否获胜，不单纯取决于他们的实力，更重要的是取决于博弈方实力对比所形成的关系。

枪手博弈是智慧博弈，是弱者在强者中的战略博弈。枪手博弈是王者的悲哀，同时也是弱者的王道生存之法。它不取决于同时开枪还是先后开枪，最优良的枪手，倒下的概率将最高；而最蹩脚的枪手，存活的希望却最大。因为没有人会把威胁最小的枪手列为自己最强的对手。在这里，后发制人的弱势者将胜出。以弱胜强绝不是神话。弱者欲在群强中取胜，需以枪手博弈论为战略，强强相战，战败之后，或两败俱伤，或同归于尽，不论何种结果，弱者终究会是胜利的一方。

2. 强者的活路：隐藏实力，韬光养晦

上述“枪手博弈”中隐含一个假定的条件，那便是甲、乙、丙 3 人都十分清楚地了解对手打枪的命中率。但是，在现实生活中，因为信息不对称，3 个枪手之间彼此都看不清楚对方的枪法，情况就会大不一样了。比如枪手甲很会伪装自己，让枪手乙与丙信以为甲的枪法最差，那么，最终的幸存者就是甲了。所以，无论历史，还是现实，那些城府极深的奸雄或者会隐藏自身才华的人，都往往会成为最后的赢家。

高明是一位从英国留学回国的博士，毕业后，他很想找一份理想的工作，但是因为他的条件太好、要求太高，很多公司都不愿意录用他。

思来想去，高明便决定收起自己所有的学历证明，以一种“低身份”去求职。

没多久，他就被上海一家软件公司录用，到技术部门去做程序员。这对他来说，简直是“小菜一碟”，但是他仍旧干得一丝不苟。

不久，老板发现他能够看出程序中的错误，并非是技术一般程序员掌握的技术。这个时候，他才亮出自己的硕士学历证书，老板随即便提拔了他做技术部门的经理助理。

又过了一段时间，老板发现他还是比一般助理要优秀许多，于是便约他私聊。此时，他又拿出博士学位证，因为老板对他的实力有了全面的认识，于是，便毫不犹豫地重用了他，升他为公司的技术总监。

高明先是以“低门槛”进了公司。进入公司后，他与其他同事间便进入了“枪手博弈”的模式中。进入公司，如果被其他同事得知他的实力，一定会成为其他同事的“众矢之的”，那么，他之后的发展之路便会举步维艰。然而，聪明的他便事先隐藏了自己的实力，韬光养晦，最终获得了良好的发展机会，步步高升，达到了自身的目的。

这样的事例，对职场中人有着极深的启发性。比如说，初入职场的你可以适当地隐藏自己的才华，在适当的时候，比如说一个职位被两个有实力的人争得你死我活的时候，你便可以亮出自己的才华，让老板觉得你是个与世无争，而且有真才实学的人，就有可能从职位竞争中脱颖而出，成为最终的赢家。

3. 弱者的活路：忠诚合作，才能对抗强敌

我们再进一步分析“枪手博弈”，就会发现，乙和丙其实是一种联盟关系。因为甲的实力最强，只有乙丙合作先把甲干掉，他们俩的生存概率才将上升。

同时，再来分析一下，在乙和丙中，谁更有可能会背叛？谁则更为忠诚呢？任何一个联盟的成员都会时刻权衡利弊，双方一旦背

叛的好处大于忠诚的好处，联盟便会破裂。在乙和丙的联盟中，乙是最为忠诚的。当然，这并非乙本身具有更为忠诚的品质，而是利益使然。只要甲不死，乙的枪口就一定会瞄准甲。但是丙就不是这个样子了，丙不瞄准任何人而胡乱开一枪显然违背了联盟关系，丙这样做的结果，将会使乙处于十分危险的境地。同时，也将自己置于十分危险的境地。只有乙丙合作，才能把甲先干掉。如果乙丙不合，乙或丙单独对付甲都不占优势，必然被甲先后解决。

这个博弈结果告诉我们：在强弱对峙的时候，只有弱弱联合，才能对抗强敌，才能赢取更多的生存机会。

在中国历史上，赤壁之战便是弱弱联合，对抗强敌而成功的例子。

在赤壁之战中，曹操的实力最强，孙权次之，刘备最弱。为了抵抗实力强大的曹操，孙刘两家便采取了联合措施，赢取了最终的胜利。

在这场博弈中，孙权就相当于事例中的乙，是孙刘联盟中最具实力的成员。在赤壁之战中，孙权出力最多，刘备实际上没出多少力。《三国演义》夸大了诸葛亮对赤壁之战的贡献，当时孙刘联军的统帅实际上是周瑜，周瑜在赤壁之战的功劳远大于诸葛亮。

通过上述的事例，可以理解：人们在博弈中能否获胜，不单单取决于他们各自的实力，更为重要的就是取决于博弈方实力对比所形成的关系。同时，弱弱联合对抗强敌的博弈过程也告诉我们，在竞争中，没有永远的敌人，只有永远的利益。相互参与竞争的人为了自身的利益，都要随时准备与自己之前的对手进行合作，以对付更为危险的敌人。

4. 弱势者如何扭转局面：先发制人，化被动为主动

在枪手博弈中，因为枪手丙优先占据了后动优势，所以其处于有利的地位：尽管他的枪法最差，但却是最终能够活下来的人，而使枪法最好的甲先死去。我们现在站在甲的位置上考虑问题：他的枪法最好，采取怎样的策略才能扭转自己的弱势局面呢？

其实，对于甲来说，他不必无能为力地看着枪手丙白白得到后动的优势，他完全可以先发制人，采取先动策略，即先发制人，以扭转对自己不利的局面。

秦朝末年，为了反抗暴政，各地人民纷纷起义。其中，陈胜和吴广所率领的百姓起义声势浩大。当地有个叫殷通的会稽郡守也想趁机推翻秦朝，所以就请求当时在吴国避难的项梁和项羽叔侄两人共商大事。

项梁和项羽当初在当地广结了许多知名人士和有才智的人，因此很受当地百姓的敬仰，颇有实力，很多起义队伍都将其作为“眼中钉”，加以防备和讨伐，都害怕他一旦壮大起来，便成为日后永久的祸患。项梁深知此理，便想策划早日起义，以免日后的敌人增多。

当时，项梁对殷通说道：“现在各地义军纷纷起义，此时正是消灭秦国的好机会，我们要及早准备，先发制人，才能夺取先机。”殷通则对其建议毫不理会。

项梁看出殷通性格胆怯，难成大事，于是就叫项羽把他杀死，并收服了他的部下。另一方面，他又不断征集人马，壮大军队，并且打出灭秦的旗号。而项羽就是后来历史上赫赫有名的“西楚霸王”。

项梁和项羽本身颇具实力，成为很多起义队伍防备的对象，可

以说处于劣势地位。但是，他却能够先发制人，抓住机会率先起义，让其他人防不胜防，也间接将一些潜在的对手杀掉了，最终扭转了弱势的地位。

通过对上述案例的分析，我们可以悟出，无论是遭遇困境还是面临危机，无论是感情还是职场，看好之后，就要果断行事，先发制人，犹豫不决是做事的大忌讳。否则，机会跑了，祸事也便不远了。

5. 同时出招制胜策略：分析对手，再行出招

在“枪手博弈”中，甲、乙、丙 3 人如果同时出招，那么，实力强的甲存活的概率较大；而如果甲、乙、丙 3 人轮流出招，那么，实力较弱的丙存活的概率较大。同时出招与轮流出招，参与博弈的三方，其存活下来的概率是不尽相同的。这也说明，博弈是参与者互动的策略性行为，在每一个利益对抗之中，每个人都在寻找制胜之策，其博弈的精髓在于参与者的策略是相互影响、相互依存的。这种相互影响或互动主要通过两种方式表现出来，那便是参与者的行动同时发生的关系，另一种是参与者的行动相继发生的互动方式。

我们先讨论前一种互动关系：参与者的行动同时发生，就如“囚徒困境”博弈，参与博弈的双方同时出招，完全不理会对方会出什么样的优势策略，或者走到哪一步。但是，他们彼此都知道这个博弈游戏存在其他参与者，因此，每个参与者都会设想若是自己处于其他人的位置上，会做出什么样的反应，从而预计自己应如何选择策略，以及会给自己带来什么样的结果。就像囚徒困境中的两个囚徒一般，无论另一个囚徒选择什么样的策略，他们彼此的最佳策略便是“背叛”。

除了囚徒博弈外，我们还可以举例说明。

东晋时期，桓玄执掌朝政之后，便任命卢循为永嘉太守。卢循表面上受令，但却在暗中扩展自己的势力。刘裕平桓玄之乱后便完全控制了东晋的朝政，这时候又任命卢循为广州的刺史，卢循的姐夫徐道覆为始兴相。

义熙六年（410 年）春，卢循和徐道覆趁刘裕北伐南燕，后方空虚之机，实施他们的北征计划。他们先是率军在始兴会合，然后会东西二路北上，进入湘州（今长沙）与江州（今江西九江西南）诸郡，一路势如破竹，声威大震。徐道覆力主东进，卢循犹豫数日才勉强同意，遂自桑落洲（今江西九江东北）进抵淮口（今江苏南京西北秦淮河口），逼近兵力不过数千的建康。

刘裕听闻卢循和徐道覆叛乱，便十分慌忙地返还京师，部署防卫措施。他来到长江边，刘裕对各位将领说道："贼兵如果从新亭直接挺进，那么，他们的锋芒就不可阻挡了，应该暂且地回避一下才是，但是是胜还是负就很难预测了。如果他们回到西岸去停泊，这就可以一战擒之了。"

徐道覆建议卢循从新亭进军白石，然后便烧掉战船登陆，分几路进攻刘裕。卢循打算采取尽可能保险的策略，便对徐道覆说道："根据敌军的慌乱程度来看，他们自会在几天内崩溃散乱。现在，决定胜负也就是一个早上的事情，一味地凭侥幸在战场上投机取利，既不是一定能战胜敌人的办法，又会损兵折将，不如按兵不动得好。

刘裕便登上了石头城，遥望卢循的部队。最初看到他们往新亭方向移动，刘裕脸色稍变，恐怕卢循发动突然袭击。后来看到敌军的船只回到了蔡州停泊下来，便马上调动各路军队转移集中，砍伐树木在石头城和秦淮河口等地全部立起了栅栏，同时也命人尽快地去整修越城，兴筑查浦、药园、延尉 3 座堡垒，陈兵在那里把守。结果，卢循兵临建康近两月，兵疲马乏，被迫于七月初退还寻阳，最终兵败投水自杀。

卢循之所以失败，是因为他不应该受到对方状态的影响，而应一鼓作气，渡过长江。这是他的最优策略。作为进攻的一方，无论对方是已经调集了人马还是没有调来人马，他的策略都可以保证自己的锐气不被挫伤，并且制造最大的压力，那么，最终取胜的便是他了。

我们可以通过这个事例，归纳一个指导同时行动的博弈法则：假如你有一个优势策略，请按照你的办法来，千万不要担心你的对手会怎么做；假如你没有一个优势策略，但是你的对手有，那么就当他定会采取这个优势策略，相应选择出能让自己最好的做法。

6. 学会置身事外，最安全的“保身”法则

在“枪手博弈”中，甲、乙、丙 3 人在进行生死对决的时候，在子弹还未飞出之前，对尚未参加战斗的一方来说是十分有利的。因为当另外两者在相争时，第三者越是保持自己的含糊态度，保持一种对另外两方中立的态势，其地位越是十分重要的，这种可能介入但是尚未介入的态度，能确保他的优势地位和有利的结果。

春秋战国时期，韩、赵两国发生了战争，双方都派使者到魏国去借兵，但是魏文侯一口便拒绝了。

当时，两国的使者没能够完成任务，都怏怏而归。当他们回国之后，才知道魏文侯分别已经派使者前来调整，劝告双方都去平息战火。韩、赵两国国君感激魏文侯化干戈为玉帛的情谊，都来向魏文侯致谢。

韩、赵两国兵力相仿，都不可能单独打败对方，因此都很想借助强国魏国的力量。在这样的情形下，魏国的行动直接关系到韩、赵之间的胜负。魏文侯没有介入两国之争，而以第三者公平的立场

加以调停，战争变成了和平，从而使魏国取得了三国关系中的主导地位。

这个事例给我们这样的启示：当双方交锋时，第三者最好能够置身事外，这是保护自身的最为安全的处世法则。同时，第三方的地位越是重要，当他以置身事外的态度进行仲裁时，越能够显示其权威性。

一个高明的管理者很多时候也需要一种置身事外的艺术。如果你手下的两个部门主任为了工作而发生了激烈的争执，你已经明显感觉到其中一个是对的，而另一方是错的，现在他们都在你的对面，要求你判定谁对谁错，你该怎么办呢？

其实，一个精明的领导在这个时候不会直接说任何一个下属的不是。因为他们在工作中发生了争执而影响他们作出判断的因素有许多，不管谁对谁错，他们都是十分出色的人才。当面说一个手下的不是，不但会极大地挫伤他的积极性，让他在竞争对手面前抬不起头，甚至很可能会因此而失去一个最为得力的助手，而得到表扬的那个下属则会更加趾高气扬，也十分不利于管理工作的顺利开展。

学会了置身事外，你的管理水平当然就上升到了一个更高的档次。

7. 不要与强者正面交锋

伽罗华是19世纪一位天才数学家，在数学领域取得了非凡的成就。在1832年，他爱上了一位舞女，对她很是痴迷。当时，追求这位舞女的还有另外一个射击手，枪法极准。

在与舞女交往不久，这位射击手便对伽罗华发出了挑战：两人进行一场射击比赛，双方面对面站立在相距500米的地方进行射击，被击中者自认倒霉，不得让另一方负法律责任。

伽罗华很明白，对方是个射击手，而自己却是个手无缚鸡之力的书生，这次比赛自己必死无疑。但是，他仍旧接受了这次挑战，愿意与对方决一死战。

终于，在1832年5月30日的清晨，在巴黎的葛拉塞尔湖附近躺着一个昏迷的年轻人，过路的农民从枪伤判断他是决斗中受了重伤，就把这个不知名的青年抬到医院。第二天早晨10点，这个可怜的年轻人离开了人世。关于此，当时巴黎的报纸这样写道："数学史上最年轻、最富有创造性的头脑停止了思考。"后来的一些著名的数学家们说，他的死让数学的发展史推迟了几十年。想不到，一个天才级的数学家竟然会参与那样一场极度愚蠢的决斗。

一个天才级的数学家与一个射击手去比赛射击，那无异于自寻死路。这个事例告诉我们，在实力非常强大的对手或者障碍面前，如果我们本身没有实力或实力较弱，没有有利的条件与充足的力量去打垮它，只是一味盲目地蛮干，无异于自寻死路。就如枪手博弈中实力较弱的丙一般，如果不想策略，一味地与甲、乙对决，那么，丙必死无疑。

所以，在遇到强者的时候，我们要学会变换角度，变通地处理问题，不与强者正面交锋，不去触及和攻击障碍本身，而是采用迂回的方法去解决问题，避重就轻，先去解决其发生密切关系的其他因素，最后再度使问题不攻自破，这比起硬碰硬的头破血流更为合理，胜算的可能性也更大一些。

很多时候，一时的屈服并不代表软弱，它仅仅是一种手段，而通过示弱赢得成功才是最后的目标。有道是"有所为，有所不为"，让步其实只是暂时的退却，为了进一尺，有时候就必须先做出退一寸的忍让。切记"两虎相争，必有一伤"的古训，只一步之退，暂时地忍让，便可以海阔天空。

第五章

斗鸡博弈：

狭路相逢，智者胜

1. 斗鸡博弈：鱼死网破还是退让求全

斗鸡博弈（Chicken Game）也称“懦夫博弈”和“胆小鬼博弈”。说的是，两只势均力敌、旗鼓相当的A、B两只雄鸡要过一座独木桥。因为桥每次只能过一只鸡，那么让谁先过呢？每只鸡都只有两个行动选择：一是退下来；二是进攻。如果一方能够退下来，而对方没有退下来，对方则能获得胜利，另一只鸡就失去了面子；如果对方也退下来，双方则打个平手；如果双方都不肯退让，那么只有通过搏斗来决定谁先过，那就有可能拼得你死我活，则会出现两败俱伤的局面。

我们可以假设：两者如果均选择“前进”的话，那么，结果两只鸡便会是两败俱伤，均获得－2的支付；如果一方选择“前进”，而另一方选择“后退”，前进者将会获得1的支付，赢得了面子，而后退者则获得－1的支付，因为输掉了面子，但是没有两者都选择“前进”受到的损失大；如果两者均选择“后退”的话，相当于两者均输掉了面子，都将获得－1的支付。当然，这些数字只代表相对的值。

用博弈中的“收益矩阵”来清晰地表示如下。

A/B	A（前进）	A（后退）
B（前进）	（－2，－2）	（1，－1）
B（后退）	（－1，1）	（－1，－1）

由此分析，最好的结果，就是想法使对方退下来，而自己不退。究竟哪方该进、哪方该退，还需要其他附加额外的细节信息才能够做出明智的判断。

如果双方都不愿意退，明知道也不愿退，在这样的情况下，要想取胜，首先要从气势上压倒对方，至少要在对方面前显示出破釜沉舟、背水一战的决心，以迫使对方选择“退却”，这就是“狭路相逢，勇者胜”的博弈学解释。也就是说，在斗鸡博弈中，在最终的时刻，必须要有一方选择“退让”，除非你抱定鱼死网破的决心。

这类博弈也是不胜枚举的。如果两个人同过一座独木桥，一般来说，必须有一个人能够选择后退。在该博弈之中，非理性的形象塑造是一种策略的运用。比如说，那些根本不把自己的命当回事的人，或者说看上去有些傻、醉醺醺的人，往往能够逼退独木桥上的另一方。还有夫妻在吵架的时候，其实也是一场“斗鸡博弈”，两个人互不相让，吵到最终，必定要有一方对于对方的责骂充耳不闻，或者妻子干脆就回到娘家或朋友家中去平复心中的怒火。还有在生活之中，斗鸡博弈也是普遍存在的，在大学期间，经常要进行团队之间的合作，往往那些对考试成绩一点也不在乎并表示“鱼死网破”的同学则可以轻松地获得搭便车的机会。总之，在斗鸡博弈中，那些不讲道理、无理取闹的人在发生纠纷后更容易震慑住理性的人。

综合上述事例，斗鸡博弈在很大程度上则是强调了一种“机会成本”的概念，一个有理想、受自身思想拘束患得患失的人，丧失的机会会更多一些；而那些什么都不在乎、肆无忌惮的人，往往得到的机会会多一些。举一个简单的例子，在公路上，一个无赖的车撞到了一个秀才的车，两个人进行理论，由于时间成本不同，斗鸡博弈是极容易产生的，到最后的结果往往是：秀才遇到兵，有理也说不清。

其实，斗鸡博弈所强调的是，如何在博弈中采用妥协的方式取得既定的利益。在这个博弈中，如果博弈的双方仅从自身利益考虑，不愿意退让，又不给对方一丁点的补偿，僵局就极难打破。而博弈的双方如果都能够换位思考，他们也可以就补偿问题进行谈判，最后造成补偿退让的协议，问题就迎刃而解了。博弈中经常有妥协，双方如果能够换位思考，就很容易达成一种协议，那么，问题与僵局就很容易打破了！

2. 避免“两败俱伤”的策略：别带着仇恨去揣摩对手

古希腊神话中，有这样一个故事。

有一位叫海格利斯的英雄，力大无穷，没有人能够比得过他。为此，他总是踌躇满志，春风得意。

有一次，海格利斯在一条极为狭窄、坎坷不平的道路上行走，突然，一个趔趄，他差一点被什么东西所绊倒。他定睛一看，发现路的中间正好有一个像袋子似的东西，海格利斯马上生气了，狠狠地向着那个东西踢了一脚，谁知，那个东西不但待在原地纹丝不动，而且还气鼓鼓地膨胀了起来。

这下，海格利斯更加生气了，于是就奋力地挥起拳头又朝它狠狠地一击，但是那个东西却依然如故，同时又迅速地胀大着。海格利斯暴跳如雷，快速地拾起一根木棒狠狠地向它砸个不停，但是，这个东西却越胀越大，最终就使它把整个山道都堵得严严实实。海格利斯又气急败坏，又无可奈何，累得躺在地上，气喘吁吁。不一会儿，山中走来了一位圣人，见此情景，很是困惑。

海格利斯就对对方说：“这个东西真是可恶至极，存心与我过不去。将我的道路堵得死死的。”

圣人听罢，看看他的脚下，淡淡一笑，平静地说：“朋友，这个东西叫‘仇恨袋’。当初，如果你不去理会它，或者干脆就绕开它，它就不会将你的路给堵死了！”

生活中，每个人都会遇到“非理性”的对手，就像这个“仇恨袋”一般。如果我们采取对抗策略，就会出现两败俱伤的局面。

其实，故事中的“仇恨袋”并非是真的“仇恨袋”，而是我们将它“仇恨”化了。也就是说，它本身并不是有意阻挡去路，而是一开始就被我们认为“是在阻挡道路”，这样争斗的结果必然是两败俱伤。

这个故事也从侧面告诉我们一个道理：所有敌对的开始就是一切悲剧的开始，无论任何时候，你在必须面对的时候，你所选择的态度，实际上已经决定了整件事情的走向和结局。包容和接纳就会是祥和与喜剧，挑剔和敌对就一定会是吵闹和悲剧。既然我们已经知道了结果是什么样，那为何不选择一个好的开始呢？

生活中，我们与他人交往的时候，尤其要懂得斗鸡博弈的精髓——懂得退让方能和谐的道理。

王硕是某著名大学中文系的才子，不仅能诗善文，而且也极有口才。这样优秀的人，周围应该拥有很多朋友才是，但事实却相反，主要是因为他总爱与人争辩，不懂得退让。

有一次，王硕与几位朋友一同去参加一位朋友的婚礼，在如此喜庆的场合，他却因为与他人争辩，将场面搞得很尴尬。

席间司仪说：“在座的朋友都知道，新郎、新娘是名副其实的‘青梅竹马’，在这里我给大家解释一下这个成语的来历：相传宋代的时候有个著名的女词人李清照，她与她的丈夫赵明诚自小相爱……”司仪的解释显然是错误的，但是在场的人出于礼貌，谁也没去说破。但是王硕却忍不住了，就大声在台下说道：“你说错了，这个成语是李白写的……”顿时，那个司仪脸上红一阵白一阵，但是对方又是个嘴硬的人，接着说：“这位先生，您说是李白写的，有什么证据吗？”

王硕得意地说：“当然有了，这个成语出自李白的《长干行》

……”这样一来，让那个司仪面子尽失，场面顿时也冷清了许多。这时候新郎很不高兴地将他叫到一边说：“人家是来帮忙的，你跟人家较什么劲呀！这是结婚啊！又不是学术辩论会。平时大家都不愿意与你交往，就是这个原因……”

王硕与司仪的争执便是一场斗鸡博弈。两人各执一词，各不退让，最终使场面尴尬，给所有人带来不好的影响。

很多时候，我们每个人都会被一些对手或阻碍或折磨，使我们身心疲惫，无力化解，为何不试着去化解呢？

水流为何能够注入大海？是因为它能避开流动过程中遇到的所有阻碍，并且还能将障碍转化为前进的势能。如果我们能做到像水一样，懂得忍让，会比硬碰硬取得更好的结果。

3. 要想获胜，就必须有超过对方的“胆量”

在“斗鸡博弈”中，如果只考虑实际的利益，那么，双赢是不存在的。也就是说，只会有一方获胜。而要想获胜，就必须具有超过对方的“胆量”。

一个衣着简朴的农民乘坐一辆长途汽车，因为车上的杂物太多，被司机训斥后蜷缩在车后面的角落中。车行至半路上的时候，几个歹徒挡住了车，并上了车，顶住司机的脖子让他拿钱出来。车上的其他乘客都吓呆了，眼见一场面对全体乘客的抢劫就要发生，车上的农民竟然突然站了起来，大叫一声：“给我住手！”然后便写了一张纸条递了过去。

几个歹徒读罢纸条，互相对视片刻，竟然迅速地下车逃跑了。车上的所有乘客都向他投去敬佩的眼光，十分诧异地问他说：“你是警察吗？”“不是。”

“那你是军人了？”“也不是。”“那你怎么这么厉害？”“老实说，我今天正好带着借来的一大笔钱，被他们抢走的话我也只有死路一条，所以只得铤而走险了。我在纸条上写道：快滚蛋！我是一个持枪在逃犯，惹火了我就立即杀了你们。”

这个故事印证了“横的怕不要命的”的道理。现实生活中，一些看似疯狂甚至让人不堪想象的举动的背后往往隐藏着一个视死如归的战士，而恰恰出自一些善于精打细算懂博弈之术的谋略家。

楚汉战争中有“军事奇才”之称的韩信曾经率数万新招募的汉军越过太行山，向东边攻打赵国。成安君陈余集中20万兵力，占据了太行山以东的咽喉要道——井陉口，准备迎战。在井陉口以西，有一条长约100里的狭小通道，两边是山，道路极为狭窄，韩信带兵必须要经过那里。

当时赵军的谋士李左车献计说：正面死守不战，派兵绕到后面去切断韩信的粮道，将韩信困死在井陉的狭小通道中。陈余则不听，说道：韩信仅仅只有几千人，千里袭远，如果我们避而不击，一定会让对方笑话的。

韩信得知消息之后，迅速率领汉军进入了井陉的狭小通道，在距离井陉口30里地的地方扎下营来。半夜，韩信就委派两千轻骑，每个人带一面汉军的旗帜，从小道迂回到赵军大营后方埋伏，韩信告诫说：交战时，赵军见我军败逃，一定会倾巢出动，不停地追赶我军的，你们火速冲进赵军的营垒之中，拔掉赵军的旗帜，竖起汉军的红旗。其他的汉军简单吃了些东西后，马上就向井陉口进发。到了井陉口，大队渡过绵蔓水，背水列下了阵势，高处的赵军远远地看到了，都在笑话韩信。

天亮之后，韩信设置起大将的旗帜和仪仗，率众开出井陉口。陈余则率领全军蜂拥而出，说要生擒韩信。韩信则假装抛旗弃鼓，逃回河边的阵地。而陈余下令赵军全营出击，一直逼近汉军的营地。汉军在无路可退的情况下，个个都奋勇无比，拼死求胜。在双方厮杀半日之后，赵军仍旧无法获取胜利。当赵军退回营垒时，才发现自己的大营中全是汉军的旗帜，队伍开始大乱。最终，赵王被俘。

陷之死地而后生，置之亡地而后存！在绝境中，人仍旧能获得生存的机会，完全凭借的是胆量。同时，我们也不可否认，在实力相对较弱小而又不得不卷入关系到自身生死存亡的博弈中时，实力弱的一方如果是胆量过人，便增加了获胜的可能性。如果胆量过弱，则必败无疑。在战争中，越是视死如归、愿意孤注一掷的人，越能够取得最终的胜利。在谈判桌上，越是死咬紧自己的原则，越是能够获得优势。当然，这里面除了视死如归的决心，还包括实施冒险策略的魄力。在很多情况下，后者比前者更为重要。

4. 学会和对手打“游击战术”：打得赢就打，打不赢就跑

参与“斗鸡博弈”的双方要想获胜，是需要一些视死如归的赌徒精神的。然而，博弈并非是赌博，它需要的是理性的策略，而不是非理性的赌博策略。

其实，在面对对手的时候，最理性的便是根据对方的实力去作决策：即如果对方实力强大，就选择适当地退让，以保全自己，为以后的胜利赢得机会；如果对方实力弱小，就应该勇敢地前进，给对方以打击。正如某位实战家总结出的游击战的指导方针一般：“打得赢就打，打不赢就走。”这其实是参与“斗鸡博弈”的双方最为理性的选择。

其实，“斗鸡博弈”中有两个“纳什均衡（即非合作博弈均

衡）”：“你进我退，你退我进。”不是你退，便是我退。敌退我不进，会坐失良机；敌进我不退，硬拼我不退，硬拼也不明智。打得赢而不打，是不能取得胜利的怯懦；而打不赢还不跑，革命的本钱都会赔进去了。

然而，最终谁进谁退，并非仅靠双方的实力决定的，而是看哪一方能够成功并有效地运用“威慑战略”。

何谓“威慑战略”？即为选择“威慑”的一方要表现出义无反顾、势不可当的样子，以大无畏的气势震住对方。“狭路相逢勇者胜”，就是这个意思。当然，“威慑战略”也是平等的，双方都是可以采用的，若对方表现得比你还要勇猛，你就要“识时务者为俊杰”了，与“不要命的愣头青”去拼命是很不值得的。

在战争时期，曾经发生过这样一个故事。

一场血腥的大型战役之后，双方的两个士兵狭路相逢了。他们都已经完全身心疲惫，但是双方都勉力对峙，枪口对着枪口，目光对着目光。终于，一个士兵的信心崩溃了，便扑通一下跪地求饶。当另一名战士吃力地夺过对方的枪支，发现里面根本没有子弹时，他也一下子瘫倒在地上，因为他早就弹尽粮绝了。

可见，勇还是不勇，有时候并不需要真正的较量，而是需要将“勇”的信息传递给对方即可。在很多情况下，博弈就是比拼谁比谁更有威力一些，这个理论，甚至在人类与野兽中的较量中也通行。

你现在可以想象一下：在野外遇到狼后，你的第一反应是什么？有人说是跑，有人说是打。

但是，稍微有点儿野外生存常识的人都明白，遇到野兽，最忌讳的就是扭头就跑。而且，只要你一转身，作势要跑，那么狼马上就明白，你一定比它弱，所以第一个咬的就是你。

在现实生活中，我们也会常常遇到一些隐形的“狼”，它们或是欺软怕硬的人，或是棘手难解的麻烦事，如果你闪身要跑，那么定会被它们缠上，还有可能被咬个遍体鳞伤。并不是它们开始就针对你，而是你先做了逃跑的动作。

向前跑是追逐，代表着一种积极的性格。向后跑是逃避，反映在人格上，就是不敢面对现实、胆小懦弱。

别人抢了你的职位，你说："无所谓，什么活儿不是干呀！"别人支使你做完这个做那个，你总是好脾气："行行行……这样行，那样也行……"你看破红尘，不争名利，在这紧要关头，不淘汰你淘汰谁呀？

要知道，容忍也是有限度的，善良并非是终极品质。当你遇到一只狼的时候，它会将你的过分退让当成是懦弱，从而将你彻底地吃掉。那个时候，你连反抗的机会都没有了！

5. 辨别"真威慑"与"假威慑"

古时候，有两个妇女在同一间屋子里生孩子，但是其中一个孩子死去了，两人都争着说那个活着的孩子是自己的，死孩子是对方的。当然，古时候的医学没这么发达，没有DNA等技术手段来做亲子鉴定，于是，两人便请来了所罗门王来断案。聪明的所罗门王十分假意地说道："既然你们都说那个活着的孩子是你们自己的，那你们俩现在就把孩子劈成两半，一人分一半不就成了吗？"一个妇女欣然同意说道："这样最好。"而另一个妇女则说道："宁可给对方，也不愿意将自己的孩子劈成两半。"话刚说完，所罗门王便知道了答案，赞同的妇女并非是活着的孩子的真正母亲，而不赞同的妇女才是孩子的亲生母亲。

在故事中，如果那个假的母亲懂点"斗鸡博弈"的话，知道所罗门王的这个“威慑”是不可置信的假威慑，她便不会真的那么去做，对刀劈婴孩表现出不忍心的话，所罗门王的计谋便不能够成功。

张瑰与男友刘波相恋几年，到谈婚论嫁的时候，张瑰便依照当地的习俗将刘波领回了家见父母。张瑰的父母见刘波一表人才，原本很是高兴，但是当得知刘波是农村户口，而且在城中无房、无车时，便立即不高兴了。

刘波走后，父母出于对张瑰以后的幸福考虑，便劝说她和刘波分手。张瑰不同意，发誓要一辈子和刘波在一起。母亲无奈之下，便以断绝母女关系相威胁。如果刘瑰相信的话，她可能会中断与刘波的关系，因为恋人是可以选择的，而血源则是不能够替代的。庆幸的是，聪明的张瑰很清楚母亲是不会和自己真断绝关系的。因为那样的结局对母亲更不好，不但会失去女婿，而且还会失去女儿，便义无反顾地与刘波领了结婚证，勇敢地迈入了婚姻的殿堂。

用博弈论的话来说，母亲的“威慑”也是不可置信的假威慑。最终的结果，母亲还是接受了这个当初并不喜欢的女婿。

“假威慑”可能也只是一种“虚张声势”，它不一定会真正地实施。如何识破对方的“虚张声势”呢？这主要就看对方的威慑是否可以置信。当母亲威慑顽皮的孩子：“你再闹，我就把你从窗户外扔出去。”这种“只打雷不下雨”的威慑根本不足为信。

那么，生活中，威慑在什么时候才是可置信的呢？答案便是：“只有当事人在不施行这种威慑时，就会遭受更大的损失。”

也就是说，要让自己的威慑更为有效，需要做出断绝后路的行为，表现出一种孤注一掷的决心，对方才会有所忌惮。

6. 用“烧钱式”的“浪费”来获得收益

明代冯梦龙的《智囊》中，记载了一个关于东海钱翁的故事。

东海钱翁本来住在一个破旧的小房子中，致富之后，便想搬到城中去居住。有人告诉他说，有一栋房屋，他人已经出价 700 金要出售，赶快去想办法吧。钱翁看到房屋之后甚是满意，竟然以 1000 金与屋主订好契约。子弟们说："这栋房屋已经议好价了，现在忽然增加 300 金，不会太贵吗？"

钱翁笑着说道："你们根本不了解，我们是小户人家，别人违约将房屋卖给我们，不稍微加些钱给他们，如何才能堵住众人的嘴呢？而且人的欲望得不到满足，争端就不会平息，我们用 1000 金去购买 700 金的房屋，屋主的欲望得到满足，而别人再也无利可图了，在这间房屋里生老病死，从此成为钱氏世世代代的产业，绝无意外之患了。"果然，不久，其他的房屋都因为卖主觉得价钱吃亏要求补贴或者转让，往往又打官司，只有钱翁的房屋安然无恙，没遇到任何麻烦。

最终的结果证明钱翁的话是十分有道理的。不过，这种结果的获得并不仅仅在于卖家的欲望得到了满足，而是因为钱翁看似在用"烧钱式"的浪费吓退了其他也想购买此房的竞争者。

这个故事中其实包含着一个博弈智慧：有时候"浪费"反而能够获得战略性的利益。这样的策略，在各种各样的商业活动中都极为常见。比如一个厂家花巨资请国际大明星做广告。很多时候，花大投资做广告的老板都十分清楚，广告对于销售的促进价值根本没有那么大，也就是说，请明星并不值得花那么多钱。然而，他就是要通过这样人人皆知的浪费来展示自己争夺市场的决心，用这样的决心来吓退对手，才是他们的真正目的。

在现实生活中，吓退对手所获得的收益虽然远远无法与"浪费"的钱相比较，但是其效果往往是很好的。

7. 是“狮子”就要“大开口”：如何与老板谈加薪

在一次员工聚餐会上，琳达偶然从一位大嘴同事口中听到了一个令她做梦也想不到的“内幕”：一位刚来的同事与她同在一个部门，拿的工资却比她多近1000元。“论业务能力和工作业绩，我比她强多了；论资格，我比她还早进公司半年；论文凭，我起码是个海归，而她也只是国内一所普通大学的毕业生，各方面都不如我的人，怎么拿得比我多？依照这样的标准计算，我拿的工资应该至少比现在多1500元才是。”按捺不住的琳达便跑到老总的办公室去说理。

在“员工不得随意打听工资”的管理制度下，琳达当然不会说谁谁的工资比自己高，而是直截了当地要求老板给自己加薪。她将自己值得加薪的理由一个个地罗列出来之后，便直截了当地说：“根据我对公司所作出的贡献，要在原有工资的基础上加2000元。”

老总听罢，仔细思量了片刻，便笑着对她说：“行，你很有勇气，就凭你这敢作敢为的性格，我就给你加2000元！不过，加薪是对你以前的工作的肯定，以后还要加倍努力，公司是绝对不会亏待你的！”

老板和员工之间关于薪资的“讨价还价”，便是典型的“斗鸡博弈”。员工琳达要加薪无非是想让自己的工资对得起自己的付出，而老板则要让支出更适合自己的赢利目标。

首先，对于员工琳达来说，在听说了各方面能力都不如她的员工的工资都比自己高之后，就产生了“不平衡”心理，觉得自己的付出与收入不成正比，于是，就要求老板给自己加薪。如果想让老板给自己加薪，首先就要主动提出来。如果她不主动提，无论用什么招数都没有用。

琳达在向老板要求加工资时，将加薪的理由一条条地摆出来，详细地说明其为公司所作出的贡献。同时，更为重要的一点便是对老板提出了加薪的数额即 2000 元，而且她提出的数额，应该超过她自己觉得应该得到的数额 1500 元。琳达之所以这么做，是因为她明白，自己与老板的地位是不平等的，她需要的是试探的勇气。

在现实工作中，一些人让老板给自己涨工资，提的数额一般都不多，但是这种低数额的要求对他们是有害而无益的。

如果你不在乎被他人小瞧，就别去向老板提工资或者要求涨很小幅度的工资。那样，你会发现被分配的工作一定是最苦最累、办公室环境最差、工作时间最长的。总之，只有你看得起自己，看重自己，才能指望老板去尊重和看重你。

其实，在你与上司或者老板形成的博弈对局中，上司或老板会综合对你的能力和价值的了解，判断该给你加薪的幅度，并以此作为讨价还价的依据。如果你的理由不充分，而且又没有事实可依据，可能会与老板对你的看法有出入，老板便会考虑根据你所提的要求想办法去协调两种不一致的看法。

但是，如果你不将所要求的加薪数额暴露出来，在加薪的对局中，你就会处于下风，因为他会一直对你心存偏见。你提供了不同的看法，就迫使他重新评价你，以新的眼光来看待你，最终达成和解的可能性反而会更高一些。

这就是如何在避免两败俱伤的前提下为自己争取最大利益的“斗鸡博弈”智慧。最终谨记一点，在提加薪时，如果你觉得你真的行，那就不妨大声说出来。但是，如果你只是想当然，那么劝你还是不要去冒这个险。否则，难免要碰个大钉子，还给老板留下一个

“干活不灵光，要钱不含糊”的不良印象。

不管在与商贩的讨价还价中，还是在谈判桌上，我们都可以利用这种智慧来为自己争取到最大的利益。

8. 长久的生存策略：以富而能富人者，欲贫而不可得也

有一位犹太商人以卖纽扣为生。他开的店，既不气派，也不宽敞，但却非常有特色。他的店除了卖纽扣之外，其他什么东西都不卖。他的纽扣不仅花色齐全，而且服务也十分周到。有的女顾客一件漂亮的大衣上丢了一枚纽扣，店主便会想方设法配上后再寄给顾客，这为他赢来了许多顾客。

另外，这家小店的老板深谙“世上的钱是赚不完的”的道理，他每卖出一枚纽扣，只赚几分几厘。有一次，一位女士进来买纽扣，只见她拿着东西跟店主说：“大哥，你的纽扣这么便宜，价钱又这么低，真是物美价廉。我一定要给你多加 1 美分，我才能买，要不然买了我也不会心安。”

店主连连摆手说：“这枚纽扣我已经赚你近 1 美分了，在店中所有的纽扣中，这枚纽扣我获得的利润最大，想不到你还说物美价廉，实在是惭愧啊！你还说要多加 1 美分，这我如何也无法接受。”

女士说道：“明明是物美价廉，你反倒说我客气。你也不容易，凡事都要讲求公平合理才是！”

接下来，这位女士硬要加倍给钱，但是店主说什么也不要。就这样，两人便成了熟人，女士经常介绍不同的客人到这家店来买纽扣。

生活中，所有的商人都希望商品卖得越贵越好，但是，这家店主却丝毫不肯赚顾客更多的钱，最终赢得了良好的口碑。这说明，“吃亏是

福”是一种高瞻远瞩的发展战略。这其实也是“斗鸡博弈”的不同变形。

生活中，多数人在进行商业活动时，都想着打自己的小算盘，整日盘算着如何获取最大利益，如何从对方身上获得的收益更多，这样算计的结果便是：两败俱伤，谁都不能获得利润。而如果商家能转换策略，学会吃亏，却往往能“赚”得更多的顾客，那么，其最终的收益就会更多一些。

要知道，这个世界上，钱是赚不完的，更不可能被某个人独享。一心只为利，得到的也仅仅只是小利，也是十分短暂的利；心胸开阔地处世，方能够付出大义，得到大利与恒久的利。

有一次，有人问李嘉诚大儿子李泽楷道：“你父亲教了你怎样的赚钱秘诀？”李泽楷却说父亲没有教他赚钱的方法，只是教会了他为人处世的道理。

李嘉诚曾经这样对李泽楷说：“假如你与他人合作做生意，如果你拿 7 分合理，8 分也可以，那你最好只拿 6 分就可以了。”也就是说，你要让别人多赚 2 分。所以，每个人都知道，与李嘉诚合作能够赚到钱，占到便宜，所以，才更愿意与他合作。李嘉诚还给儿子算过这样一笔账：“虽然你只拿 6 分，现在多出了 100 个人，你现在能多拿多少分呢？假如拿 8 分的话，100 个人则会变成 50 个人，结果是亏还是赚，可想而知！”

这便是古人所说的“以富而能富人者，欲贫而不可得也；以贵而能贵人者，欲贱而不可得也；以达而能达人者，欲穷而不可得也”的理念。意思是说，发了财之后也能让别人发财的，想穷也穷不了；当了官后能让别人也当官的，想下也下不来；交了好运后能让别人也交好运的，想倒霉也倒霉不了。

“吃亏是福”是哲学家所崇尚的一种做人道德，但是，这种道德实质上也是一种生存游戏，否则，其理论在社会上根本行不通。如果哪项道德在生存博弈中是无效率的，那么，便是坏的原则。也就是说，“以富而能富人者，欲贫而不可得也；以贵而能贵人者，欲贱而不可得也；以达而能达人者，欲穷而不可得也”既是中国历史上的一条道德游戏，同时也是博弈中的一项生存规则。无数的事实也证明，这个规则屡试不爽。

9. 放下，也是一种最佳的生存策略

在艾尔基尔地区，有一种猴子会经常到山下的农田中去祸害庄稼。其实，这些猴子也是为了维持生计才不得已到农田中去偷庄稼的，它们也是为了活命，为了能给自己多储备点粮食。

但是，农民们则为了保护庄稼，发明了一种极为特殊的捕捉猴子的方法：将一些细瓶颈、大口的瓶子容器中放一些玉米进去，这些瓶子的颈刚好能够让猴子的爪子可以伸进去，但是当猴子一旦手中拿着玉米攥上拳头就出不来了。

利用这个方法，农民们捕到了很多猴子。每晚他们都将这种瓶子放进村口，第二天早晨起来，就能看到一些紧握拳头的猴子在那儿与瓶子较劲，但是手不管怎么挣扎就是出不来。其实，如果这些猴子能够舍弃，学着放下手中的玉米，是完全可以逃走的，但是，它们因为得到了，却怎么也不肯松手，到最终只有被捕了。

事实上，这个故事可以用博弈论的理论加以分析。猴子和瓶子之间其实是一种“斗鸡博弈”，瓶子的口径很小，猴子的手伸进去只要抓上一把玉米，便再也无法出来了。而如果其能松开手，那么，猴子虽然不能获得最大的收益：得到玉米，但也不至于丢了性命。这个博弈的结果告诉我们：在面对强敌的时候，适当地放下，也是

博弈参与者的最佳策略。

在“斗鸡博弈”中，要让自己占据优势，获得收益，成为有“实力”的斗鸡。在实力相差很大的情况下，如何猜测到对方的对策，从而制定出能够克制对方的策略来获得胜利是最重要的，如果不懂得猜测对方下一步的行动，而硬碰硬进行决斗，那么其结果即使能够获得胜利，势必也要付出极大的代价，这种结果自然是博弈者都不愿意接受的。

所以，对于博弈者来说，最希望看到的结果是将“损失最小化，利益最大化”。围绕着这个根本性的原则，在具体的模式下进行自己的策略选择，该进该退，其关键就在于策略的运用和运用策略能为自己带来的利益程度。

在 1971 年周恩来总理和基辛格的谈判中，曾经一度因为某些敏感的政治问题出现僵持的局面。对于此，周总理立即决定先暂停谈判，一起去进餐。

在北京的烤鸭宴上，整个气氛为之一变。周恩来总理仿佛完全忘记了刚才在谈判桌上的紧张局面，突然变得风趣幽默、妙语连珠起来，这使整个席间的场面变得十分愉快。为此，他便有意安排了轻松的午餐以打破会议的僵局，化解大家的紧张心情，让双方都冷静下来重新开始思考。

可见，周恩来总理深明不作“雌雄之争”的必要性及其策略，事实上，对于博弈者来说，放下不是颓废，不是懦弱，而是处世策略。

在周恩来与基辛格的博弈中，周恩来之所以安排进餐，并与之谈笑风生，其实是避开谈判中的锋芒，暂时先放下眼前的不愉快。也正如老子所说：“知其雄、守其雌，为天下谿。”即知道了雄壮刚强的欠缺，那就应该懂得不为事物本身所累，这样，才可成为汇集天下之水的溪谷。可见，放下不仅仅是哲学家所倡导的人生智慧，也是博弈中的一项最佳的生存策略。

第六章

智猪博弈：

为何有人偷懒却升迁，有人拼命卖力却不讨好

1. 智者博弈：事半功倍的顺风车

“智猪博弈”是这样说的。

猪圈里有两头猪，一头大猪，一头小猪。猪圈的一边有个踏板，每踩一下踏板，在远离踏板的猪圈的另一边的投食口就会落下少量的食物。如果有一只猪去踩踏板，另一只猪就有机会抢先吃到另一边落下的食物。当小猪踩动踏板时，大猪会在小猪跑到食槽之前吃光所有的食物；若是大猪踩动了踏板，则还有机会在小猪吃完落下的食物之前跑到食槽，争吃一点残羹。现在问：“两只猪各会采取什么策略?”答案是：小猪将舒舒服服地等在食槽边，而大猪则为一点残羹不知疲倦地奔忙于踏板和食槽之间。

如果定量地来看，踩一下踏板，将有相当于 10 个单位的猪食流进食槽，但是踩完踏板之后跑到食槽所需要付出的“劳动”，要消耗相当于两个单位的猪食。

如果两只猪同时踩踏板，再一起跑到食槽吃，大猪吃到 7 个单位，小猪吃到 3 个单位。

如果大猪踩踏板，小猪等着先吃，大猪再赶过去吃，大猪吃到 6 个单位，小猪也吃到 4 个单位。

如果小猪踩踏板，大猪等着先吃，大猪吃到 9 个单位，小猪吃到 1 个单位。

用博弈中的“收益矩阵”来清晰地表示如下。

小猪/大猪	小猪去踏	小猪不去踏
大猪去踏	大猪吃到 7 个单位，小猪吃到 3 个单位	大猪吃到 6 个单位，小猪吃到 4 个单位
大猪不去踏	大猪吃到 9 个单位，小猪吃到 1 个单位	两只猪都吃不到

从博弈的结果中可以看出，大猪去踩踏板、小猪不去踩踏板时是最正确的选择。这时，双方的平均获利最大。在日常生活中，“智猪博弈”的案例已经扩展到生活（特别是职场）中的方方面面。因而，在职场办公室里就会出现这样的场景：有一些人会成为不劳而获的“小猪”，而有一些人则是充当了费力不讨好的“大猪”。这不公的场面必然会引起“大猪”无休止的抱怨。可是，不懂得职场博弈学的“大猪”何曾知道，自己的做法未必是愚蠢的。

职场中看似聪明的“小猪”总会笃定一个想法：大家是一个团体，就是有责罚，也是会落在团队身上，而如果有成绩的话，也是团队平分；而“大猪”虽然出力不讨好，心中难免会不平衡，但是又想到，如果自己不努力的话，不仅得不到小奖赏，说不定还会下岗呢。想来想去，还是继续当“大猪”吧！所以，在办公室里，总有一些“大猪”会悲壮地跳出来完成任务。因此，办公室里的“大猪”疲于奔命，却吃力不讨好，活得很辛苦；而“小猪”却舒舒服服地躲起来偷懒，在投机取巧中“安乐”地生存着。

从表面上看，办公室里的“大猪”固然很辛苦，但是仔细一想，“小猪”其实也并不轻松。对“小猪”而言，虽然自己在工作上可以偷懒，但私下里，却要花费更多的精力去编织、维护关系网，否则在公司的地位便会岌岌可危。其实，什么都不做反而被提升的“小猪”心里也会发虚：万一哪天露了馅，后果将会……如果从事的不是团队合作性质的工作，而是侧重独立工作的职业，那又该怎么办？

在现实生活中，“大猪”加班，“小猪”拿加班费的情况在企业中比比皆是。在一个“圈”里生活久了，“大猪”固然知道“小猪”一直是过着不劳而获的生活，而“小猪”也知道“大猪”总是碍于面子或责任心使然，不会坐而待之。因此，其结果就是总会有一些“大猪们”过意不去，主动去完成任务。而“小猪们”则在一边逍遥自在，反正任务完成后，奖金一样拿。然而，从长远的利益来看，“小猪”的这种聪明未必值得提倡。

在现代社会中，企业间的竞争日益激烈，不管对个人还是对企业，工作说到底还是要凭本事、靠实力的，靠人缘关系也许能风光一时，但是脆弱的，是经不住任何考验的。因此，身在这个竞争激烈的职场中，一个最理想的做法就是，既要做“大猪”，也要会做一个“小猪”。

2. 学会“沾光”：善于借助他人的优势来成就自己

一只老虎在森林中觅食，当它看到不远处有一只狐狸时，便隐藏在附近的丛林中，当狐狸走近时，便一跃而上，毫不费力地将狐狸按倒在地上。

当老虎张开大嘴准备吃掉狐狸时，狐狸便十分狡猾地说：“我是森林之王，你吃我，必将会受到老天爷的惩罚。”老虎听罢狐狸的话，顿时愣住了，它看着狐狸一副镇定自若的样子，便开始怀疑狐狸的话，狠狠地说道：“胡说，我才是百兽之王！”狐狸看着老虎半信半疑的样子，便更加神气，它昂着头对老虎不屑一顾地说道：“如果你不相信，就跟我走一趟吧，看看我们谁更厉害一些！”

而老虎为了弄清楚事实，便跟在狐狸的后面向森林中走去。在途中，狐狸始终大摇大摆地走在前面，老虎慢悠悠地跟在后面。没过多久，就看到许多小动物正从树洞里出来觅食游玩，但当看到狐狸身后的老虎时，它们便纷纷惊慌失措地逃走了，狐狸便得意万分，回头鄙视着老虎。老虎见此情形，也开始相信狐狸之前所说的话了，于是便悄悄地走开了。

我们知道，小动物们怕的都是老虎，而弱小的狐狸却借用老虎的威风制造了自己强大的假象，让自己脱离虎口。仔细分析，这其实是一场“智猪博弈”：小猪眼睁睁看着大猪受累去踩踏板，而自己只需坐等食物落下来，张嘴吃就行了。在这里，小猪就是搭大猪的“便车”，从大猪的劳动付出中获得收益。对于小猪不劳而获的举动，很多人可能会深感反感和不悦，但是从经济学的角度去看，这实在是一个明智之举。就像聪明的狐狸，被老虎抓到后，就去借助老虎的威风去吓退老虎，也就是说，它是搭老虎的“便车”让自己脱险。

不费吹灰之力便能获得收益，以最小的投入换来大的收益，何乐而不为呢？如果有这种免费的午餐，不吃也是一种浪费。

其实，在现实生活中，搭便车是生活中极为常见的事情：冬天下雪后，居民小区的路上结了厚厚的冰，经常会有人摔倒，但是谁也不肯去铲冰，如果小区里面正好有个活雷锋将冰铲除了，那么，其他人便是沾了光，搭了铲冰者的便车。另外，在小企业的发展过程中，学会搭便车也是一个职业经理人最基本的素质。在某些时候，尤其是在企业实力还不很强大的时候，如果能够耐心等待，让其他大的企业首先去开发市场，是一种极为明智的选择。在这个时候，要有所不为才能够有所为。

兵法《三十六计》第二十九计为：“树上开花，借局布势，力小势大。鸿渐于陆，其羽可用为仪出。”意思是说，利用别人的优势造成有利于自己的局面，虽然兵力不大，却能够发挥极大的威力。正如大雁高飞横空列阵，全凭无数长翼助长气势。从博弈论的角度来说，这是极有道理的。生活中，我们也要善于借助名人、广告、人脉、信息等，有助于个人或者企业获得更好的成功。

搭便车的沾光行为往往是弱者跟强者之风，有时候跟风者过多，或反客为主，很可能会将先行者大猪拖垮，让大猪得不偿失。然而，在市场竞争中，这样的行为十分有利于技术的进步，消费者可以从中受益。同样的道理，有时处于市场中的大猪也可以搭小猪的便车，分享小猪的劳动成果。但是，无论怎样，从经济学的角度去分析，对团体或者个人都是十分有利的。在现实生活中，如果有这样的资源摆在你面前，你不去加以利用，则只是白白地浪费掉了。

3. 甘当“第二”，后发制人：螳螂捕蝉，黄雀在后

螳螂捕蝉，黄雀在后，主要说的是螳螂专注于自己眼前的目标，只想着获取猎物而忘记了周遭的危险，而黄雀看到了自己的目标后，便先按兵不动，等到时机成熟时才果断出手，最终得到了丰厚的回报。在这里，黄雀是聪明的，它甘当“第二”，后发制人，最终获得了丰厚的回报。

当然，这也是智猪博弈中折射出来的智慧。小猪利用自己的优势策略，等在食槽旁边，它不需要主动去踩踏板，只需要等大猪去踩便可以大吃一顿。而如果它主动去踩踏板，最终什么也吃不到。所以，对于小猪来说，主动不如被动，甘当“第二”，不去做第一，反而能获得不错的收益，即为后发制人。

建安三年，刘备苦于没有栖身之地，只好率众投奔了曹操。刘备深知曹操生性多疑，对身边的人总是留有戒心，为了使曹操不加害自己，让自己不那么引人注目，所以他不得不想办法伪装自己。

刘备平日里对曹操百般奉迎，在空闲的时候便到后园种菜，每

天亲自浇水灌溉。关羽、张飞见状，责问刘备说：“大哥不去留意天下大事，怎么做起这些低等下人的事了？”刘备笑了笑说：“二位贤弟日后便知。”

有一天，刘备一个人在后园浇菜，突然，张辽、许褚来到园中对刘备说：“丞相有请。”刘备怀着忐忑的心情，跟随二人来到了相府。

来到相府以后，刚一见到曹操，曹操就非常严肃地问他：“你近来做了件好大的事啊！”

刘备暗暗吃了一惊：难道我与国舅董承密图曹操的事泄露了？刘备一时不知如何回答，他只得站在一旁，一言不发。

曹操看到刘备那种无助的样子，微微地一笑说：“玄德学圃不易吧！”

原来问的是这件事啊，刘备悬着的心一下子放了下来，于是轻松地回答曹操说：“不过无事消遣罢了。”

接下来二人开始青梅煮酒，聊起天下形势。几杯酒下肚后，曹操指着远处阴云翻腾、龙卷风顶天立地的场面说：“现在正是春深季节，龙也乘时而变化，由地面升腾于九霄。我看世间英雄也可比作龙，大凡英雄人物都能屈能伸。玄德走南闯北，你觉得谁可称为当世之英雄？”

刘备先是谦虚，假装不知何人可称英雄，在曹操的再三追问下，刘备提到了淮南的袁术、河北的袁绍、江南的刘表、江东的孙策、益州的刘璋，说他们可以称为当世英雄，可是这些人统统被曹操给否定了。

刘备一看自己说的英雄都被曹操否定了，只得无奈地说：“这些人都是我所恭慕的人，除此以外，我就不知道了。”

这时曹操站起身说道：“依我看，能称得上英雄的，普天下只有你和我！”

刘备当时就吓了一跳，手中的筷子都掉到了地上，正巧这时有一阵雷声刚过，为了掩饰自己的失态，刘备乘机说：“这雷声太可怕了，吓了我一跳。”

见刘备被雷声吓得如此，曹操大笑道：“大丈夫还惧雷声？”

刘备自我解嘲说：“圣人云：迅雷风烈必变嘛！”曹操看刘备又胆小又怕事，不像是成大事的人，所以也就不再留意他了。

从此之后，曹操便对刘备消除了戒心，不久之后，刘备便借机逃出了曹操的掌控，后来又三顾茅庐请诸葛亮，最终成就了三分天下的霸业。

用智猪博弈来分析这个事例，曹操便是颇具实力的“大猪”，而刘备便是那只“小猪”。为了在乱世之中立一番功业，刘备不得不屈身依附曹操，韬光养晦，甘当曹操的属下，最终不仅保全了自己的性命，也成就了属于自己的一番霸业。

这里，刘备用的是“后发制人”的策略，他胸怀大志，有才华和谋略，也深得人心。但是为了实现更高的目标，他懂得忍辱负重，甘当“老二”，不与曹操争锋，看准时机才大展宏图，最终实现了与曹操平起平坐的目标。

中国古话说：“枪打出头鸟。”“出头的椽子先烂。”这告诉我们，不要轻易出风头，否则，有可能会白白牺牲掉自己，为他人作嫁衣。

同样，在商场上，那些勇做“老大”的商人经常会埋怨：“为谁辛苦为谁忙，到头来为他人作嫁衣裳。”做“老大”固然好，但是所承受的风险也是极大的。他们很有可能被那些要做“老二”的跟风者抢占市场，成为最终的胜利者。这给我们以极深的启示：如果你没有足够的实力，不妨先屈居人下，甘做“老二”。若能够以最小的成本获得最大的收益，做做“老二”又有何不可呢？

然而，要知道，做“老二”只是博弈的一种手段和策略，我们最终的目标就是要积蓄力量，等待时机，做后面的“黄雀”，尤其是对于那些实力不够强大的“小猪”来说，做做老二，更有利于自己今后长远的发展。

4.“小猪”的悲哀：长久地坐享其成只能被淘汰

战国时，齐国的国君齐宣王爱好音乐，尤其是喜欢众人共同演奏，所以每次听吹竽的时候，总是会叫 300 个人在一起合奏给他听。

有一位南郭先生听说了齐宣王的这个癖好，觉得有机可乘，是个赚钱的好机会，就跑到齐宣王那里吹嘘自己说：“大王啊，我是个有名的乐师，听过我吹竽的人没有不被感动的，就是鸟兽听了也会翩翩起舞，花草听了也会合着节拍摆动，我愿把我的绝技献给大王。”齐宣王听得高兴，不加考察，很爽快地收下了他，把他也编进那支 300 人的吹竽队中。

这以后，南郭先生就随那 300 人一块儿合奏给齐宣王听，和大家一样享受着优厚的待遇，心里极为得意。

其实，这位南郭先生撒了个弥天大谎，他压根儿就不会吹竽。每逢演奏的时候，他就捧着竽混在队伍之中，人家摇晃身体，他也摇晃身体，人家摆头他也摆头，脸上装出一副十分动情的样子。就这样，南郭先生混了一天又一天，不劳而获地白白拿着十分丰厚的薪水。

但是好景不长，齐宣王去世了，等他的儿子继承了王位后，便不再喜欢众人在一起演奏，而是喜欢独奏。这下，南郭先生可为难了，每天急得像热锅上的蚂蚁，惶惶不可终日。他思来想去，觉得自己再也混不下去了，最终便连夜收拾行李逃跑了。

起初，南郭先生混在乐队里，扮演了搭便车的角色。他的聪明之处就在于能够成功地借助集体的智慧来成就自己。对于南郭先生来说，虽然他没出力，却得到了许多好处：齐宣王热情款待。然而，坐享其成并不能长久，到齐宣王的儿子即位时，南郭先生便被乐队淘汰。其实，我们可以用"智猪博弈"来理性地分析南郭先生所遭遇的现实。

"大猪忙碌踩踏板，小猪坐等白吃食"的现象，是智猪博弈本身的游戏规则所导致的。其规则的核心便是每一次落下的食物的数量和踏板与投食口之间的距离，小猪和大猪是一种无法摆脱的共存的局面，所以给了竞争中的小猪以等待不劳而获的启发，若这个指标发生了变动，小猪还能够舒舒服服地坐享别人的劳动成果吗？就如滥竽充数的故事一般，南郭先生不会吹竽，却可以利用齐宣王规则的漏洞混在乐师队伍里，借助其他乐师的劳动成果来获得好处。这是他的搭便车的行为，但是滥竽充数的结果便是：在齐宣王的儿子即位，改变了游戏规则后，南郭先生便再也没有便车可搭了，只好赶紧逃命去了。

这告诉人们，尤其是职场中的人这样一个道理：在一个团队中混日子，团队的规则总是会变的，那些没有真才实学、没能力，经常靠搭便车生存的人，终有一天会被淘汰。也就是说，在一定的条件下，借助他人的智慧来成就自己固然是一种博弈的智慧人。但是，在搭便车的时候，也一定要不断地充实自己，做一个真正的智者，而不单单会投机取巧，因为危机时刻都笼罩着你，一旦规则发生变化，首先被踢出局的一定是你。

刘强在一家大型广告公司工作，他手脚麻利，嘴巴也甜，性格也开朗，平时总是会不时地搞聚会，巴结周围的同事。另外，他也很会夸赞人，也是同事们的"开心果"。

虽然人缘好，但是刘强对工作却不那么尽力。在平时，其他同事都在工作，而他却只是待在办公室打打游戏，顺便上网跟女友聊聊天，好不逍遥。

有一天，经理让刘强将一份重要的资料送交给客户，而刘强却将这份资料交给另外一个顺路的同事代办了，作为回报，他还答应请同事吃饭。诸如此类的事情在他身上层出不穷。由于他将大量的时间都用在了办私事上了，他自己的本职工作总是应付着。

第二年，刘强依然奉行他的“混职场”哲学，工作常丢给别人去做，而自己却仍旧逍遥自在。

一段时间后，刘强第一个被公司裁掉了。他虽然人缘好，但是他的工作业绩总是部门中最差的，平时部门经理虽然不说，但是心里最有数，到裁员时，自然要先拿他开刀了。

像刘强一样，做职场中的“小猪”并不是件十分容易的事情。工作上如果偷懒，在私下里，“小猪”就要花费更多的时间和精力去编织和维护关系网，讨好同事们，而且心中还一直发虚，否则在公司的地位便会岌岌可危。

职场中的“小猪”固然聪明，但是“大猪”也并不笨，他们容忍不劳而获的“小猪”的存在，有可能是出于自身利益的考虑，认为“小猪”有存在的必要性，一旦觉得不再需要时，就会一脚把“小猪”踢出去。

所以，对于“小猪”来说，在搭便车利用他人的同时，也要学着去充实自己，不断努力让自己从一只“小猪”变成一只“大猪”，进退有道，使自己永立不败之地。

5. 团队危机："小猪坐等白吃食"的现象会将整个团队拖垮

旭尧和伟宸同在一家大型的广告公司做策划设计工作。旭尧工作能力极强，每当部门内部有重要的项目，领导都会将之交给他去做。刚开始，旭尧自己也很高兴，他觉得自己的能力得到了领导的肯定，只要有机会，领导一定会首先提拔自己的，于是拼命地加班加点地努力工作。

伟宸工作能力很弱，从来没有负责过公司的大项目，多数时候也只是辅助有能力的员工做点零碎的工作。到了年终的时候，因为部门工作业绩突出，公司奖励给部门 5 万元奖金，部门经理得两万元，其他的同事每个人都分到 5000 元。旭尧和伟宸也都不例外。这下，旭尧的心里不舒服了，他觉得部门内部取得如此好的业绩，自己的功劳有一半，得的奖金凭什么与那些平时能力差还不干活的员工一样多呢？但是，因为他初到公司不久，对于上司的这种分配方式，只是敢怒不敢言。

第二年，旭尧的工作积极性大大地减弱了，他觉得自己再努力，也只是在为他人做"嫁衣"。每当上司分配给他繁重的工作项目时，他不是推辞说自己无法胜任，就是故意称病休假。

半年下来，设计部门的业绩比上一年度下滑了一半，这让经理苦恼不已，但不知道问题究竟出在哪里。

在职场中，经常会出现上述的情景：有人做"大猪"，疲于奔命，费力却不讨好。还有一大群人做"小猪"，舒舒服服地偷懒。无论在什么样的情况下，"小猪"笃信一件事：大家在一个团队中，纵使有责罚，也是落在团队身上，所以总会有"大猪"悲壮地跳出来完成任务。然而，久而久之，当“大猪”感觉到自己的收入与付出不成正比，劳动成果被其他人白白占去的时候，便不再那么努力了，也等着做那只坐享其成的“小猪”，当团队中的“小猪”越来越多的时候，大家都耗在那里，谁也不动，结果是完不成工作任务，挨老板批评。最终的结局便是，整个团队走向没落，甚至被淘汰。

这样的结果给团队管理者以这样的警告：“小猪”对一个团队成长和发展的危害是极大的。要想杜绝“小猪”的存在，就会想办法去降低“小猪”们的投机成本，建立起约束“小猪”的制度，也就是让团队的业绩考核制度更加透明、科学，尽量避免“滥竽充数”的事件发生。但是，如何使用好绩效考核这个管理“工具”，恰当地避免考核误区，既做到按绩分配，又做到奖罚分明，从而让那些偷懒的员工主动去踩踏板，那就要看下面的博弈结果了。

6. 管理者如何让偷懒的员工积极主动去工作

有这样一则《三个和尚》的故事。

高高的山上有两座寺庙，里面分别住着 3 个和尚。这两座庙离河边很远，如何解决吃水问题呢?

第一个寺庙中的老和尚建议，每个人每天轮流去挑水。于是，大家便依照这个规矩去做，3 个和尚刚坚持了 3 天，便觉得太累了，就不干了。于是 3 个和尚便商量，咱们来个接力赛吧，每人挑一段路。第一个和尚从河边挑到半路停下来休息，第二个和尚继续挑，又转给第三个和尚，挑到缸里灌进去，空桶回来再接着挑，大家都不累，水很快就挑满了。这是协作的办法，达到了体制创新。

第二个寺庙的老和尚将其他和尚叫来，说我们立下了新的庙规，要引进竞争机制。3 个和尚都去挑水，谁挑得多，晚上吃饭就多加一道菜；谁挑的水少，吃白饭，没菜。3个和尚拼命去挑，一会儿水就挑满了。加强了竞争机制和多劳多得，起到了管理创新的目的。

从当初的3个和尚没水喝，演变到3个和尚通过不同的办法达到激发每个和尚的工作积极性，让整个团队充满活力，不再有“搭便车”现象，两位老和尚的建议可谓高明至极。为此，管理者要想从根本上杜绝“搭便车”现象，就要勤于去开动脑筋，创新管理。

其实，在现实生活中，许多企业内部一般员工甚至是中层管理者的工资、福利都不算低，但是依然缺乏工作能动性，不能够创造优异的绩效，这主要是企业内部出现了太多的“小猪”的缘故。

对于社会而言，因为小猪未能参与竞争，创造价值，小猪“搭便车”式的社会资源配置并不是最佳状态。为使资源最有效地配置，规则的设计者是不愿意看见有人搭便车的，政府、公司都是如此。

智猪博弈告诉我们：一个企业的制度和流程是极为重要的，不好的规则会给公司带来灾难性的影响。这就要求规则的设计者，即管理者一定要慎重、仔细地考虑规则的前瞻性、适应性和高效性。

智猪博弈存在的基础就是双方都无法摆脱共存局面，而且必有一方要付出代价换取双方的利益。而一旦有一方的力量足够打破这种平衡，共存的局面便不复存在，期望将重新被设定，智猪博弈的局面也随之被破解。

能否完全杜绝“搭便车”现象，就要看游戏规则的核心指标设置是否合适。“智猪博弈”的核心指标一般来说有两个：食物数量、踏板与食槽之间的距离。

那么，如果改变这两个关键条件，“搭便车”的现象是否能够杜绝呢？

首先要看第一个方案：减量方案，即食物只有原来的一半分量，也就是5个单位的食物。在这样的情况下，小猪和大猪都不会去踩踏板。小猪去踩踏板，大猪则会将食物吃完；大猪去踩踏板，小猪也会将食物吃完。也就是说，谁去踩踏板，就意味着为对方做嫁衣裳，所以谁也不会有踩踏板的动力。如果目的是想让两只猪去踩踏板，这个制度的设计显然是十分失败的。

再看第二个方案：增量方案，即为将食物增加为原来的两倍，也就是 20 个单位的食物。结果是小猪、大猪都会去抢着踩踏板，谁想吃，谁就会去踩踏板。因为对方不可能一次性地将食物吃完，大猪和小猪相当于生活在应有尽有的“共产主义社会”中，当然，它们的竞争意识也不会得以提高。而对于制度的设计者来说，这个制度的成本提高了一倍。在不需要付出多少代价就可以得到所需食物的情况下，两只猪自然都不会有多少动机去增加踩踏板的数量。这个制度的设计明显不合适，起不到有效的激励作用。

最后再来看看移位方案。考虑到问题的关键是移位，接下来我们探讨一下因移位而产生的几种改变方案。

1. 移位并减少食物投放量。食物只有原来的一半分量，但同时将食槽与踏板之间的距离缩短。这种情况下，小猪和大猪都在拼命地抢着踩踏板。等待者不得食，而多劳者多得，每次的收获刚好消费完。

2. 移位并增加食物投放量。正常情况下，移位用不着增量，大猪小猪都会去踩踏板。如果适当增量，成员会快速成长，小猪会长大，大猪会出栏，效益就会增长。不过需要把握成本增加的度，适当地增量更符合组织与个人的需求。

3. 移位但不改变食物投放量。由于食槽与踏板之间的距离缩短，去踩踏板的劳动量减少，大猪小猪都会争着去踩踏板。如果把踩踏板的次数增加，吃到的食物会更多，对食物的不懈追求将驱动合作机制的形成和生产效率的提高。对于游戏设计者，这是一个最好的方案。成本不高，但收获最大。

智猪博弈制度规则的改变对于企业的经营管理者而言，就是采取不同的激励方案，对员工积极性调动的影响也是不同的，并不是足够多的激励就能充分调动员工的积极性。比如企业实行职工全员持股的方案，结果如第二个方案一样，人人有股但没有起到相应的激励作用。

同样地，企业在构建战略性的激励体系过程中，也需要从自身的目标出发，设计相对应的合理的方案。

首先，根据不同激励方式的特点，结合企业自身发展的要求，准确定位激励方案的目标和应起到的作用。

其次，根据激励方案的目标和应起到的作用选择相关激励方式，并明确激励的对象范围和激励力度。

扩而大之，从整个社会来讲，自身需求大的群体，比如现在的媒体经常提及的弱势群体，他们往往才是社会生产力推动的主力。

换句话说，要迅速提高整个社会的生产力水平，就需要有一个自身具有很大消费需求的群体，并且需要给他们一定程度的奖励。第三种改变方案反映的就是这种情况，方案中降低了取食的成本，在现实中，也可以等同于增加了对取食者的奖励。

7. 小企业竞争中的取胜策略：懂得忍耐，步步推进

价格竞争作为市场经济实行优胜劣汰、优化资源配置的一种极为重要的手段，起着独特的作用。但是在一些行业中除了大中型的公司以外还同时存在着一些管理规范、运作良好的小公司。那么，在两个企业实力存在着重要差距而又面临价格竞争时，小型企业的生存发展与其所选择的策略有着密不可分的关系。

我们都知道，“智猪博弈”的结果依赖于大猪的行为。如果小猪去踩踏板，大猪当然十分乐意等在食槽旁吃掉 9 个单位的猪食。而如果小猪等待，那么，大猪将先去踩踏板再跑回来以获得相当于 4 个单位的猪食，这总比空着肚子等待要好许多。

为此，对于小猪来说，情况是十分明晰的：无论大猪采取什么样的行动，它最好的策略便是等在食槽旁边。因此，这个博弈的均衡结果便是：每一次都是大猪去踩踏板，小猪先吃，大猪再赶过来吃，只有这样大猪小猪才可以共同生存。

其实，在两家甚至几家实力悬殊的公司之间的价格竞争策略也是如此。

在 20 世纪 50 年代末，美国的弗雷化妆品公司雄风十足，几乎独占了黑人化妆品市场。在当时市场上，尽管有许多家化妆品厂家与之竞争，却无法动摇其霸主的地位。这家公司有一名雄心勃勃的营销员叫乔治·约翰逊，他便邀请了 3 个伙伴自立门户，经营黑人化妆品。伙伴们对自己的实力深表怀疑，因为他们已经亲眼看到诸多的化妆品公司与弗雷竞争都败下阵来。

而约翰逊则充满信心地说：“我们只要能从弗雷公司分得一杯羹就受用不尽了！弗雷公司前期发展越快、越发达，我们就会越有希望！”

约翰逊果然不负众望，当化妆品出来之后，他就在广告宣传中用了这样一句话：“广大黑人朋友，如果你花费 10 美元在使用了弗雷公司的产品后，不妨再多花费 3 美分去尝试一下约翰逊的粉质膏，小小的投入，将会收到意想不到的效果！”

约翰逊化妆品的定位远远低于弗雷公司的化妆品，而且在没有贬低对方的情况下，收到了明显的效果。

为此，借着弗雷名牌产品的这只“大猪”为产品开拓了十分广阔的市场，渐渐地就将弗雷公司挤出了黑人化妆品市场。

约翰逊通过降低价格、宣扬名牌产品的广告手段，顺利地搭上了弗雷化妆品的“便车”，谋得了长远的发展。

为此，在商业竞争中，如果公司是十分弱小的一方，则可以选择如下的应对策略。

首先，一定要耐心地等待，要能够沉得住气，静观其变。也就是说，允许市场上那些占主导地位的品牌去主动开拓本行业所有产品的市场需求。一定要将自己的品牌定位在较低的价格上面，以享受主导品牌的强大广告所带来的市场机会。

其次，不要贪婪，不要妄图将“大猪”应得的那一部分也据为己有。对于主导品牌来说，如果认为其弱小公司不会对自己造成任何威胁，它便会不断地创造市场需求。因此，公司便可以将自己定位于一个引不起主导品牌兴趣的较小的细分市场，以限制自己对主导品牌的威胁。

8. 大型企业竞争中的取胜战略：掌控关键信息，后发制人

如果公司是“智猪博弈”中的“大猪”，在行业市场中占主导地位，那么，要想更好地生存和发展，需要采取什么样的优势策略呢？

在20世纪70年代末和80年代初，美国市场上流行着诸多的软饮料私人标签，比如Private label，这种非品牌饮料质量很是低劣，而且价格很便宜，因此能够占据较低的市场份额。当时，美国软饮料市场上的两大主导品牌：可口可乐公司和百事可乐公司最初能够容忍这些私人标签软饮料的存在，因为它们的威胁是十分有限的。

但是，没过多久，一家主要的私人标签软饮料供应商Cott公司

通过挑衅性的定价和较高的质量，从一只仅有较低市场份额的地区品牌的“小猪”一跃成为一个拥有1/3市场份额的软饮料市场的主导者之一，十分严重地威胁到了可口可乐公司和百事可乐公司的地位。

此时，可口可乐公司与百事可乐公司便开始采取一系列的措施，想将这只抢食吃的“小猪”踢出市场去。可口可乐公司与百事可乐公司联手通过降价的这种进攻性的战略行动抢占了私人标签软饮料市场的市场份额，接下来，多数小型的饮料公司包括Private label和Cott公司在内的公司都在瞬间土崩瓦解。

这是市场中的大品牌企业与小企业之间的“智猪”博弈。大品牌企业即可口可乐和百事可乐就相当于“大猪”，而小型企业比如Private label和Cott公司等是“小猪”。当“小猪”的生存不能够威胁到“大猪”的利益时，那么，两者则相互依存。而当“小猪”，比如Cott公司威胁到“大猪”的生存时，那么，“大猪”便会奋起而攻，采用优势策略，将“小猪”踢出局。

“智猪博弈”说明了在某个市场上一个占主导地位、控制着市场的公司和它的一个较小的竞争对手之间可能发生的竞争情况。“大猪”要想与“小猪”共存，就要看占主导地位的公司如何看待这个较小竞争对手对它的威胁程度。“智猪博弈”中“共同生存”的均衡结果只有在大猪的食物份额没有受到小猪严重威胁时才会出现。

为此，我们可以总结出，作为市场中的“大猪”，要想更好地生存和发展，就要做到以下两点。

首先，要能够接受小公司。作为市场上的主导品牌，加大广告宣传、创造和开拓对行业所有产品的市场需求才是真正的利益所在。千万不要采取降价这种浪费资源的做法与小企业进行恶性竞争，除非这些小型企业对公司的发展构成了真正的威胁。要知道，正是一些小型企业采取的低价格阻止了潜在进入者的涌入。

其次，对威胁的限制要做到了如指掌。如果小企业的发展壮大到了构成威胁的程度，大公司就必须要迅速掌握一手详细的信息和数据，并及时做出进攻性的反应，并且要让小企业清楚地知道它们在什么样的规模水平之下才是可以被容忍的，否则就会招致大公司强有力的回击。如果小企业知道对它们的限制，也就不会再有兴趣超越这种限制。

总而言之，通过运用“智猪博弈”对两个规模与实力存在较大差距的竞争对手之间价格战的情况进行分析可以看出，竞争双方应该对自己的地位和作用有一定的清醒的认识。这一点是非常重要的，认清楚自己的真正利益所在，避免残酷的价格战的发生。两个地位相去甚远的对手，最好的生存模式便是：共同生存，共同发展。

第七章

分蛋糕博弈：

买的也可能比卖的精

1. 分蛋糕博弈：切蛋糕者和分蛋糕者的两难选择

分蛋糕博弈是说：A、B两个人在分一块蛋糕，人都是自私和理性的，在分的时候，他们都会考虑如何分配才能够更为合理和公平。这里的规则是：一方先主刀去切那块蛋糕，而另一方则要去选择自己分得哪一块蛋糕。

不妨先假设让A来负责切蛋糕，而B则在蛋糕切开后先去选择其中的一块。这时候，A为了不吃亏，就会在这种规则下很努力地让两块蛋糕切得尽量相同。否则，大的那一块就会被B所挑走。要知道，在现实生活中，将两块蛋糕切得大小完全一致，也是不可能的。

分蛋糕博弈的特殊之处就在于：让一人来分蛋糕，而另一人则先挑。

这个问题可以细化成两步：

第一步，将蛋糕切成两份；

第二步，两个人按一定的顺序选取自己认为大的那一份。

该问题的一种通常的假设为：

(1) 分蛋糕者的偏好是一致的，即分得的蛋糕越大越好。

(2) 分蛋糕者的利益是独立的。

在这样的假设前提之下，其最佳的做法为：让某人先切，并让切的人最后去选。这个问题还可以延伸到n个人去分蛋糕（n为大于或等于2的自然数），解法依然为：让其中一个人去切，并且让切的人最后选。由于切的人知道自己是最后一个选蛋糕的人，如果他没有切出大小一样的蛋糕，最小的那一块肯定会被剩下来，成为自己的。所以，切蛋糕的人只得尽量地平均分切蛋糕，这样才能够保证自己不会拿到最小的蛋糕，能够与大家的利益尽可能地达到平齐或者相近，这便是“最后通牒策略”。

对于这个问题，在不同的假设条件下还会产生不同的结果。在上述问题的基础上，还可以针对更多的情况来考虑：

(1) 假如这 n 个人中有一个人凌驾于其他分蛋糕的人之上，他在切蛋糕与选蛋糕方面都有优先权，此时整个蛋糕都是他的。

(2) 假设在这 n 个人中有两个合谋，目的是让他们自己分到的蛋糕总和最大，在其他人不知情的情况下，由他们两个人中的一人切蛋糕，另一人先选蛋糕，这样的结果只能是他们两个人的利益最大化。

其实，这个问题的假设还可以分为很多种，而且都能运用到现实社会中，也可以在现实中找到与之相符的原则。

分蛋糕博弈被广泛地应用于商场之中的利益分配。比如一堆原材料变成商品进入卖场中的价格转变，其中间差额即为商家利润，然而，这个运作过程并不是一个商业主体，投资方、厂家、代理商都想从中得到最高的利润，就像分蛋糕一样，是绝对不可能分成几等份去分配的，即使可以，最大的投资方也不会甘于将利润平分。为了得到更多的利润，他们唯有抬高商品价格，从消费者那里得到更多的利润。

从理论上讲，当分蛋糕博弈成为一个“动态博弈”时，就已形成一个讨价还价博弈的基本模型。在经济领域中，不管是从日常的商品买卖，还是到国际贸易乃至重大政治谈判，都存在着讨价还价的问题。比如中国加入 WTO 的同时，为了国家或民族利益与许多发达国家的讨价还价，进行了漫长而又艰难的谈判。从这个漫长的过程中我们不难发现，讨价还价的过程实际上就是一个谈判的过程，发达国家首先对中国提出一个要求，决定权应在中国，由中国自己来决定是接受还是不接受，假如中国不接受，这时便可以提出一个相反的建议，或者等待发达国家重新更改单方面的策略。这样双方才能继续讨价还价，相互提出要求，这便形成了一个多阶段的动态博弈。

所有人，商家也好，消费者也好，在个人利益的驱使下，都会力争对自己最为有利的。是的，利润之下，人人都想得到其中最大的一块，这是普遍的心理。然而，如何才能做到公平公正，让大家都非常满意呢？这是一个难题，每个人可以做的就是尽可能地让自己的利益最大化。当然，“双赢”局面也是博弈中的至高境界。

2. 生活中处处都在讨价还价

在熙熙攘攘的街道上，我们经常会看到这样的场景：买家看中了一件衣服，卖家也看出买家很喜欢，于是便开始了讨价还价的“口水战”。

“这件衣服多少钱？”

“300 元！”

“这不是抢钱吗？50 元！”

“姑娘，你看看这衣服的料子和做工，可不是地摊货，算了，看在你第一次光顾本店的分上，降你 40 元，260 元怎么样？”

“还是太贵了，70 元！”

“好吧，咱们不再讲废话了，你再加一点，我再降一点，230 元！”

“我再加一点，100 元！”

“最低 180 元，不然真的没钱赚了。”

“最高130元，不然我到别家再去看看。”

“算了，算了，160元成本价给你！”

“那就140元，让你赚点就赚点吧！”

大家可以看到，他们的出价像摆钟一般，摆过来，摆过去，最终停在了140元上。很多不爱讨价还价的人或许会问：“他们为何不一开始就以140元成交呢？两人都省事，而且还节省买卖双方的时间！”

实际上，140元是双方博弈的结果。在它出现之前，谁知道140元是成交价呢？除非有一眼能看透人心思的“读心专家”，否则就只有通过讨价还价才能够得到这个价格。

在1960年，美国学者、诺贝尔经济学奖得主托马斯·谢林在其重要的著作《冲突的战略》中指出了这样的观点。

从博弈论的角度分析，讨价还价是一个非零和（即非合作）博弈，博弈当事人的利益相互间是对立的，任何一个利益的增加便会损害另一个人的利益。但是博弈当事人的利益也有一致的地方，博弈者都希望至少达成某种协议以避免两败俱伤的局面。这样，谈判双方就需要在达成协议和争取最优结果中进行权衡。

通过对讨价还价现象的分析，我们可以得出这样的结论：在讨价还价的过程中，用条件限制自己的选择往往能够迫使对方让步。我们可以这样解释：对方认为自己不可能做出进一步的选择时，便能达成协议。让步是谈判达成协议所不可缺少的重要因素之一，如果一方过于强势，最终便很难达成协议，这都不是双方最优的策略。

当然，理论是枯燥难懂的，但是在生活中，却可以真实地体现。从正式的商业谈判到街摊上的讨价还价，从恋爱婚姻到与人相处，从子女相处到策略的制定，讨价还价所创造的价值，远远地超过了人类历史上的一切革命。

其实，生活中男女的恋爱便是非常典型的讨价还价的事例。男女双方如果条件达成一致（比如双方彼此够恩爱、物质基础、各种观念等），那么双方便结婚。反之，可能会分手。所以，自由恋爱要比父母包办婚姻更为进步一些，因为需要男女双方讨价还价。而一旦双方达成契约，组成了家庭，就没有了讨价还价的条件，古语说："男怕入错行，女怕嫁错郎。"这句话便已经说明了进入婚姻的严重性。

另外，生活中，父母和孩子之间也存在着讨价还价的机制。比如父母都希望自己的孩子按照自己所期望的那样去发展，但是，孩子在父母观念的影响下反而被约束，没有了自己的选择。这个时候，讨价还价机制便会起作用，比如孩子会通过挑战或哭诉等方式来改变或者影响父母的决定。

总之，讨价还价在生活中处处都有体现，它是一种生活艺术，也正是因为它的存在，使我们的生活变得更加精彩。

3. 谈判相互僵持的结果只能是一无所获

桌子上放了一块冰激凌蛋糕，小萌向小强建议如此这般分配。假如小强同意，他们俩便会依照达成一致的契约分享这块蛋糕；假如小强不同意，双方持续争执，蛋糕将完全融化，谁也得不到。

为此，小萌现在就处于一个十分有利的地位：她使小强面临有所收获和一无所获的选择。即便她提出自己独吞整块蛋糕，只让小强在她吃完之后舔一舔切蛋糕的餐刀，小强的选择也只能是接受舔一舔，否则他什么也得不到。在这样的游戏规则之下，小强一定不满足于只能分到一点点的蛋糕，他一定要求再次分配。这种情况下，分蛋糕的博弈就不再是一次性博弈。

事实上，当分蛋糕的博弈变成一个“动态博弈”时，就形成了一个讨价还价博弈的基本模型。

在这个博弈模型中，对于小萌来说，她提出的条件是最为重要的，如果她提出的条件让小强无法接受的话，那么，蛋糕很可能会融化掉一半，即便第二轮谈判成功了，也有可能还不如第一轮降低条件来得收益更大。因此小萌第一轮提出要求时要考虑两点：首先要考虑是否可以阻止小强谈判，使谈判进入第二阶段；其次是考虑小强个人是如何考虑这个问题的。

首先要看最后一轮，蛋糕在第二个阶段只有原先的 1/2 的大小，因此，小萌在第二阶段即便是谈判成功，最多也只能得到 1/2 大小的蛋糕，而如果谈判失败则有可能什么也得不到。从最终一轮反推到第一轮，小强知道小萌在第二轮时最多能够得到 1/2 大小的蛋糕，因此，当小萌在第一轮要求主动占据的蛋糕大于 1/2 时，小强则会表示反对，从而将谈判进行到第二个阶段。

其实，小萌和小强的如意算盘都打得很清楚，经过再三考虑，小萌在第一阶段的初始要求一定不会超过蛋糕的 1/2。所以，对于小萌来说，她在刚开始就应该要求平分这块蛋糕，这样她可以使谈判结束，她和小强便都能够获得 1/2 大小的蛋糕。否则，将时间僵持得越长，等蛋糕化掉了，两人可能都得不到蛋糕。

这种具有牺牲成本的博弈与一般的博弈不同，博弈双方除了要考虑双方利益外，还需要考虑成本的损耗。就像小萌和小强在谈判分蛋糕时，他们双方都要考虑尽量不要让蛋糕化掉太多，否则，对双方都不利。

在这样一个典型的谈判中，蛋糕慢慢地变小，在全部消失之前有足够的时间让人们提出许多建议和反对意见。这表明，通常情况下，在一个漫长的讨价还价过程中，谁第一个提出条件并不重要，除非谈判长时间陷入僵持的阶段，胜方几乎什么都得不到了，否则，妥协的解决方案看来还是难以避免的。

不错，最后一个提出条件的人似乎可以得到剩下的全部蛋糕，但要等到整个谈判过程结束，大概也剩不下什么可以赢取的了。得到了“全部”，但是“全部”的意思却是什么都得不到，这便是赢得了战役却输掉了战争。

4. 讨价还价时的制胜策略：不要轻易亮出自己的底牌

古时候有一个破落贵族的后代甲，穷得实在没有办法继续生活下去了，于是，便不得不将家中祖传的古字画拿到一个大财主乙家中去卖。甲想这幅字画至少值 200 两银子，而财主乙去购买的时候心想，这幅字画最多值 300 两银子。而如果从双方的心理底价来看，这幅字画要想顺利成交，价格应该在 200～300 两银子之间。

这个交易的过程我们不妨简化为这样：首先由乙先开价，甲选择成交或者继续还价。这个时候，如果乙同意甲的还价，交易则顺利结束；如果乙不接受，则交易结束，买卖没有做成。这是一个极为简单的两个阶段的动态博弈的事例。我们应该用解决动态博弈问题的倒推法原理去分析这个讨价还价的过程：首先要看第二轮，也就是最后一轮的博弈，只要甲的还价不超过 300 两银子，乙都会选择接受还价的条件。

回过头来，我们再来看第一轮的博弈的情况，甲拒绝由乙开出的任何低于 300 两银子的价格，这是十分明显的。比如乙开价 290 两银子去买这幅字画，甲在这一轮如果同意的话，只能卖得 290 两银子。如果甲不接受这个价格，反而在第二轮博弈中将价格提到 299 两银子时，乙仍旧会购买此幅字画，两相比较，显然甲比较会还价。

我们再换个方法来进行交易。如果甲先说，这幅画至少卖200两，少了则不卖！这价格远远地低于乙的心理价位300两，乙当然高高兴兴地花200两买下了；而如果乙先开口说：“我最多出300两，再多我就不买了！”这个价格则远远地高于甲的心理价位200两，乙当然很开心地成交了。

细心的读者可以发现：这个例子中谁先亮出自己的底牌，谁就处于被动吃亏的地位。也就是说，如果在讨价还价中，你轻易地亮出自己的底牌，就很有可能会促使对手改变自己原来的谈判策略，做出有利于自己的策略。

在讨价还价中，如果在对方面前轻易地亮出了自己的底牌，就相当于断了自己的退路，对方还会趁机设置许多苛刻的条件来限制你，使你失去主动权，那么，你就会被对方牵着鼻子走，从而被对方玩得团团转。因为你疲于应付，最终不得不做出巨大的让步，白白地吃哑巴亏。

要记住，谈判桌上瞬息万变，劣势与优势是相互转化的，谁也不能够保证永远居于谈判的主导地位，一旦有个风吹草动，你就会一败涂地。所以，还是不要轻易地亮出自己的底牌最好。

5.“先声夺人”还是“后发制人”

早期，著名的发明家爱迪生在美国某公司做电气技师时，他的一项科研成果获得了专利。公司经理很想购买他的这一项专利，问他多少钱才肯卖。

当时，爱迪生对他这个专利的心理价位是5000美元，但是他却没有说出自己的预期价格，而是将球踢给对方：“您也知道我的这项专利权能给公司带来丰厚的利润，所以，还是请您自己说个价格吧!”经理便说道:“50万元怎么样?”这个价格已经远远地高于爱迪生的预期,他便十分满意地接受了这个价格,这也为他日后的发明提供了丰厚的资金支持。

爱迪生对其发明虽然早有心理价位,但是当对方主动问及他价格时,他却采取将球踢给对方的策略,让对方先报出价位,以“后发制人”,获得了超乎他个人想象的价格。

当然,在这个博弈中,对于爱迪生来说,他想要获得比50万元更高的价位,也可以采用“先声夺人”策略,即出价高于50万元,比如向对方要70万,如果对方确实想购买这项发明,便会同爱迪生讨价还价,那么,对方最终出的价格一定会高于50万元。

这个博弈的结果说明,在谈判或者讨价还价中,先报价和后报价都是互有利弊的,要选择“先声夺人”还是选择“后发制人”,就需要你根据不同的情况做出灵活的处理。

一般情况下,谈判双方先报价的往往是发起谈判者,由于先发制人的优势,先报价往往可以把谈判限定在一定的框架之内,使双方在此基础上最终达成协议,从而达到制约、影响对手的目的。比如,如果其中一方先报价10万元,那么,竞争对手即使拥有再好的谈判策略和谈判人员,都很难降价至1000元。我们去买衣服的时候,常常会让服装商贩先报价,然后自己在此基础上进行还价。在这个过程中,服装摊贩实际上已经占据了先报价的优势,他们所报出的价格一般会比顾客拟付的价格要高出一倍甚至几倍。比如说一件羽绒服只要卖到300元的价格,商贩便会获得很大的利润,但是他们却会先报价1000元,由于大部分人不好意思再还价,所以商贩常常会以远远高于300元的价格将羽绒服卖出去。

当然,卖方拥有“先发制人”的优势,但也应该掌握一个“度”,而不能够漫天要价,否则对方根本就不会进行谈判。比如，你问小贩萝卜多少钱一斤，如果小贩回答说100元一斤，相信没有人会再浪费口舌去与他讨价还价了，这样，博弈的过程也就无法进行下去了。

与此同时，先报价也很容易使先报价者泄露自己的情报，使后报价者掌握其底牌，以至于变本加厉地压价。反过来说，这也正是后报价者的优势，他们可以掌握对方的底牌，然后在此基础上采取相应的措施。

一般情况下，如果你已经做了充分的准备，对自己和对方的情况都十分清楚，就一定要争取先报价。如果你不是谈判高手，而对方却拥有丰富的谈判经验和良好的谈判策略，就一定要沉得住气，不要先报价，这样便可以从对方的报价中获取信息，及时修正自己的策略。如果你的谈判对手只是个谈判外行，那么，不管你善不善于谈判，你都要争取先报价，这样你就可以牵制、诱导对方。

这些技巧在现实生活中已经得到了充分的印证。当一个精明的家庭主妇去买东西的时候，商贩们会先报价，然后让对方去压价，这样便是采用了“先声夺人”的策略；当一个年轻的小伙子去买东西的时候，商贩就会先让对方报价，而对方则极有可能会报出一个远远高于商贩的期望值的价格，而商贩则会从中获得更大的利益。

总之，在谈判或者讨价还价中，是“先声夺人”还是“后发制人”要依具体的情况而定。选择好“报价”的时机，是取得谈判胜利的重要条件。

6. 掌握些“语言策略”：报价的技巧也很重要

在报价的时候，是“先发制人”还是“后发制人”都需要掌握一些语言表达技巧。这也是控制局面、赢得博弈的基础。

要知道，即便是针对同样的产品，如果表达方式不一样，其效果也是不同的。

刘佳和王青都是保险公司的推销员，两人一同去推销液化气保险。刘佳见到客户时说：“这种保险只需你每天交保险费 1 元，若遇到事故，便可以获得高达 10000 元的保险赔偿金。”那位客户便立即与刘佳签了约。

而王青见到客户时则说：“这一种保险你每年只需交纳 365 元的保险费，一旦遇到事故，便可以获得 10000 元的保险赔偿金。”结果，那位客户却拒绝投保。

推销相同的产品，前者博得客户的认同，顺利让客户签约，而后者则遭到客户的拒绝，主要是两者说话的方式不同。前者以商品的数量或使用的时间等概念为除数，以商品为被除数，便可以得出一种数字很小的价格商，使保户产生一种价格很便宜、低廉的感觉。而后者则说出了一个较大的数额，受到客户拒绝。

采用相同的策略，如果你的产品价格确实很高，你就可以采取类似的策略，将价格分解成若干层次渐进地推出，以降低对方的畏惧心理。而事实上这样做，你并不会受到什么损失，因为你的多次报价加起来以后与当初想一次性报价出的高价是同等的。

比如，一个办公用品推销员向一个公司的采购员推销一套办公用品，如果他一次性报出一个高价，则对方可能根本不会购买。但是如果先报出办公桌的价格，而且这个价格很低的话，成交之后再谈椅子的价格，要价也不高；接着再谈橱柜的价格，再谈电脑的价格……这时候，推销员就可以各个去抬高价格。采购员在买一些配套的办公用品的时候，就很难做出让步了。不过，这种报价常常用于那些具有系列组合性和配套性的商品，只要买方一旦买了其中一件，交易就有可能顺利进行下去。而对于买方来说，在与对方达成购买协议之前，一定要考虑商品的系列化优点，一旦发现卖方的这种企图，就要采取相应的措施去挫败对方。

如果你想把价格限定在某个范围内，你就可以这样说："我知道您是个行家，经验丰富，根本不会出 100 元的价钱，但你也不可能以 90 元的价钱买得到。"或者说："我知道这些商品很好，但是它的价格最贵也不应该高于 90 元。"这些话虽然听起来让对方很满意，但是实际上你已经告诉了对方你的底线，并将价格限制在你想要的范围之内。

如果谈判双方出于各自的打算都不会先报价，这时候，你就可以故意说错话或者是采取其他的一些方式让对方先报价，这也是取得谈判胜利的关键因素之一。

7. 别让自己白白失去了讨价还价的权利

南宁一家中小型建筑企业派人专门到上海一家特殊玻璃厂去谈购买锰钢的事宜。南宁企业代表刚刚到上海，上海炼钢厂家的人便为他们举行了隆重的欢迎仪式。上海方代表专门抽人陪南宁方代表，还"好心"地告诉他们说，可以在上海多玩几天，回去时还可以帮他们订机票。团长随口便告诉对方代表说，自己一定要在本月底回去，也就是说，他们在上海只有 7 天的谈判时间。这个团长被上海方代表的细致周到的接待搞得心满意足，他压根儿就没想到，他“随口”说出的时间，竟然将公司允许他谈判的期限告诉对方了。

南宁方代表在上海代表的热情招待下，美滋滋地过了两天，但就是不见上海方代表来与他洽谈合作的事情。等他急得去找上海方经理时，经理彬彬有礼地劝说他，很久不来一次上海，来了后一定要多游玩一番，并十分详细地介绍了上海各个地方的特色小吃，又很关切地与南宁方代表拉起了家常。团队出于礼貌，不好拒绝，便晕乎乎地听从上海方代表的安排了。于是，南宁代表团又出去玩了一天，又用一天时间参观了上海方的工厂，又过去了两天。上海方代表拉着南宁代表团又是喝酒又是赴宴，又是打网球和高尔夫球，丝毫不谈生意的事情。

已经剩下不到3天的时间了，南宁方代表终于急了，再拖下去就没法谈了，于是就趁机问了一下上海方代表：“贵公司对我们购买意向如何看待呢?”只见上海方代表满脸堆笑说：“很好！很荣幸能与你们合作!”南宁方代表接着问：“那为何不见你来跟我们洽谈呢?我们没有时间再等下去了。”上海方代表马上点头说：“做生意先交朋友嘛，经过这几天的接触，大家熟悉了，生意桌上也好办事不是啊！你能玩好，最重要。这个季节，上海外滩的景色正美，我陪你去看看吧!”

接下来，代表团草草地在外滩上转了一圈，在最后一天的上午终于坐在了谈判桌前。但是上海方代表一改之前谦虚客气的态度，与南宁代表团因为价格问题争执不下，于是一上午时间又过去了。团长郁闷地说：“如果今天下午再谈不拢，我们真的该回去给公司交代了。”

下午的时候，上海方代表“体贴”地将南宁方代表的返程票送到了团长的手中，团长十分感动，但是无论其代表团怎样据理力争，最终团长还是在不占优势的合同上签下了名字。

原来，上海方代表趁南宁方代表游玩的几天，彻底查清了南宁方建筑公司负责的小区要在下个月内交房完工，所有设施都已配好，只剩下安装特殊材料玻璃。他们知道，如果南宁建筑公司的相关人员这次签不下这个合同，其公司所负责的楼盘要延期交房，那么要赔偿巨额损失。而且上海方已经事先串通好了国内的几家大型的钢厂，将此种特殊钢材的价格提高了一倍多。然后，上海方又做出“最大让步”，将价格降低了一些，但是总体还是大赚的。

在此情景下，南宁代表团除了妥协，已经没有讨价还价的余地，让上海方大捞了一笔。而造成南宁代表团不利地位的便是其负责人总是爱“实话实说”，将自己的信息透露给了对方，且被上海方恭顺的礼节与周到的服务搞得晕头转向，完全被上海方代表团牵着鼻子走，失去了讨价还价的时间和耐心。

而上海方则采用“体贴”和“周到”的服务将对方锁住，然后，从其背后去尽可能地搜寻有关南宁方公司的商业信息，斩断了其讨价还价的退路，让对方没有时间和机会去寻找另一家卖主，在谈判桌上处于被动的地位。所以，这个教训是极明显的，在谈判中，一方的核心机密千万不要被另一方知道，否则，被对手掌握，那么只能乖乖地吃哑巴亏了。

而反过来讲，要想在谈判中处于主动的有利地位，那就要在谈判开始之前去搜集对方的信息，琢磨对方的心思，以让对方失去讨价还价的能力，从而掌控整个局面。

8. 适当地“让步”也是一种取胜的策略

谈判和讨价还价实质上是一种非零和博弈，是双方不断让步、不断妥协，最终达成一个价值交换的过程。任何基于冲突的谈判，如果谈判破裂，那么，双方的利益都将会受损失。比如说，商场上，商家和顾客关于某种商品的价格相持不下，最终达成交易要比一拍两散要好一些。这个时候，如果有一方做出适当的让步，就能够促使交易成功，最终，商家在获得一些利润的同时，顾客最终以比原来相对低的价格，也能获得不错的收益，相对也达到了双赢。所以，在谈判或者讨价还价时，适当地让步也是一种制胜的策略。

要知道，我们谈判的最终目的在于促进合作的达成。因此，一个优秀的谈判者应当把谈判看成一个经营合作的事业，而不是当作一场争夺利益的斗争。即使谈判能力不对称，如果利益分配明显不公平，常常也会遭到弱者一方的拒绝。这是很显然的道理：如果你想把我置于死地或者从来不考虑我的利益，我干吗还要跟你合作呢？所以，谈判虽然最终是以利己为目的的，但问题是不考虑对方利益和利己主义常常导致合作不能够达成而无法真正地实现利己。而适当地考虑对方的利益的合作性利己主义，反而更可能实现利己的目的。因此，在谈判中适当地做出让步，实际上对于谈判者来说常常是更好的策略，至少这使得谈判破裂的风险下降了不少。中国当年加入世界贸易组织的漫长谈判历程是通过让步最终达成合作的最好事例，也是合作利己主义的很好的体现。

在谈判中，适当地让步的确可以缓解谈判的僵局。但是即使是让步也是有技巧地让步，不能让你的让步成为你谈判中的败笔。就价格问题的谈判进行时，一不留神儿就会让对方看出你的让步模式。

比如你在卖一个二手的手提电话，刚开始你的卖价是 600 元，你心里的底价是 400 元，所以你们的谈判空间是 200 元。

但是让你让出这 200 元的方式是很关键的。在让步的过程中，一定要注意几个问题。

假如你每次让价 50 元，想象一下你如果真的这么做的话，你的对手会怎么想，其实他并不了解你的心里的最低底线是 400 元，他也不知道你到底会一直降到多少，他只知道你每让一步，他就少花 50 元，所以你的不断让步给他一个很强大的心理期待，而你 50 元的让步最多只能让 4 次，所以你千万不要进行两次相同幅度的让步，其实同样的道理，如果你去买手机，对方两次都给你让出 100 元，你心里怎么想？是不是还期待着也许你可以再让他降下来 100 元呢？

在谈判中，要达成双赢，可以考虑以下的策略。

1. 改变谈判现场的气氛。如果双方都处于精神紧张的状态，你可以放段抒情的音乐，泡几杯咖啡，也或许你可以调节一下室内的空气流通，气氛自然就变了。因为越紧张的情绪就会有越对立的局面，而越对立的局面就越不容易解决问题。

2. 可以改变谈判的地点。换一个地点就换一个心情。或许完全不同的两个地方，就可能出现新的契机、新的可能。

3. 跟对方讨论一下分担的风险。建议调整产品的规格。如果由对方来承担所有风险，这样的压力会让对方的心理防线受到威胁。让他不敢冒风险，自然和你谈。

以退为进不是一味地退让，而是温和地周旋。我们所采取的温和是为了让对方觉得我们有诚意，愿意和我们合作，而不是卑躬屈膝，也不是无条件地妥协。有时候我们面对对手咄咄逼人的态势，我们可以采取沉默的方式对待或者回击。沉默是金，在谈判场上，沉默也是迫使对方做出让步的最好办法。当对方给出了价格说少一分也不行的时候，你不妨回答他，你可以给出一个更好的价位，然后不要再开口说，等待对方的回应。当然，如果对方压根儿就不接受你的沉默，只是重复着那一句话时，你也只能选择停止交易了。

或许你也可以以一种更加完美的方式让步，以利诱的方式在不对自己造成严重损失的前提下，你采取的变相的让步会让你的工作更加好谈一些。

9. 最后通牒："不卖拉倒"的还价与"不买拉倒"的要价

在谈判中，让步是促成合作的一个方法。而我们有时也可以用相反的方法，那就是宣称不让步来威胁对方，以达到制胜的目的。

有一次，在比利时一家画廊里，美国商人正在同一个印度画主讨价还价。

印度画主说："这批画一共有 15 幅，如果你整批购买，平均价每幅为 100 美元。"而美国商人却说道："我不需要购买这么多画，只需要其中的 3 幅。"

"如果是那样，每幅画售价为 300 美元。"

"你怎么可以任意要价呢？我要的画也并非比其他的画好啊！"美国人认为印度人在敲他竹杠，很是生气，两人也为此发生了争执。印度人在恼怒之际，居然当着那个美国人的面将其挑好的 3 幅画中的其中一幅烧掉。这使得美国人非常着急，赶忙问道："你这是在干什么呢？"

"我不卖了！"印度人说着又烧掉了其中的一幅。

此时，美国人需要的画只剩下最后一幅了，他非常喜爱这幅画，这也正是他寻觅已久不可多得的珍品，于是他的口气便缓和下来，用商量的口气说道："请不要把最后的这一幅也烧掉，我愿意出300美元购买。"

"那两幅画虽是我烧掉的，但这是和你做生意引起的，我不能白白损失那两幅画。"印度人执意不卖。

美国人为了要成交这一幅仅存的画，最后只得花费900美元买下了这一幅画。

其实印度商人采用烧画的方式逼对方购买，采用的是蛋糕博弈中的"最后通牒策略"。即为参与蛋糕博弈的双方在为某些问题纠缠不休时，处于有利地位的一方便可以向另一方提出最终的交易条件，并且声明：另一方要么接受最后的交易条件，要么退出谈判，以此达到胁迫另一方让步的谈判策略。

就像故事中的印度卖画商一般，如果美国商人不购买画，他就采用烧画的策略胁迫对方购买画，最终，等画烧到最后一张的时候，美国商人最终却以高价买走了那张画。

在日常生活中，我们经常可以在商场中看到这样的场景。

卖家："喜欢的话，可以上脚穿上试试啊！"

顾客："这双鞋子怎么卖的？"

卖家："这是我们这里刚上的货，今年最流行的款式，400元，你要是诚心要，可以再商量价格。"

顾客："最低多少？"

卖家："别说了，我看这双鞋子很适合你，380元卖给你了！"

顾客："380元，这么贵啊，我再到别的地方去看看吧。"

卖家："别着急啊，你说个价啊！"

顾客："最多100元！卖不卖？"

卖家："美女，再加点吧！我进货也不至于这个价啊！"

顾客："最多就100元，不卖就算了。"

这看似极为平常的讨价还价策略就是一次最后通牒策略的应用。最后通牒策略是一个非常有效力的策略，旨在打破对方对未来的奢望，在击败犹豫中的对手方面有着决定性的作用。但是，最后通牒策略是以极强硬的形象出现的，就如题目所示，是不买拉倒的出价与不卖拉倒的还价，人们往往不得已而用之，它最后导致的结果可能是成功的，也可能是一拍两散。

一般来说，谈判双方都是有所求而来的，尤其是在竞争激烈的商务谈判中，任何一个商人都知道，总会有许多等在一旁的竞争者虎视眈眈，随时准备着取而代之。尽管如此，我们在运用最后通牒时也一定要慎重，要掌握好时机和方式。因为如果双方互不相让，甚至是在愤怒失控的情况下发出最后通牒的话，很可能会使对方认为是一种威胁，谈判极有可能宣告破裂。

所以，一般只有在以下几种情况出现时，才考虑使用最后通牒策略。

第一，谈判者知道对方处于一个强有力的地位，其他的竞争者无法匹敌，那么，如果谈判双方都使谈判继续进行下去并达成协议的话，只能够接受对方的最后交易条件。

第二，在已经尝试过其他各种方法都未有果的情况下，这时候，最后通牒策略就是唯一迫使对方改变想法的手段。

第三，当对方已经将条件降到最低的程度，让无可让时，只有使用最后通牒策略。

第四，对方已经过旷日持久的谈判，谈判成本高昂，已无法再担负由于失去这笔交易所造成的损失，从而不得不达成协议。

总之，最后通牒策略是谈判中威力巨大的一招，可以逼迫对手妥协，但是使用时一定要选择好时机，否则很容易会搬起石头砸自己的脚，反而置自己于不利的位置。

10. 老板与员工的“战争”：如何不将“加薪”谈判置于僵局中

这几天晓波感觉上班总是提不起劲，心里总是憋着一股气。因为在周末的一次聚会上，他了解到从大学一起毕业6年的大学同学，多数人都混得不错。有的做起了老板，有的在不错的单位拿着高薪，都有不错的前途和“钱途”。相比之下的自己，虽然有一份安稳而且适合自己的工作，但是薪水却并不高，这令现在的他和现在的女朋友都不敢谈婚论嫁。于是，他只能硬着头皮向自己的老板开口谈加薪的事情了。但是该如何开口？他感到很为难。

当他透过玻璃窗看到老板春风得意的样子，便突然想起，老板曾经在去年的公司年会上说过要给参与项目的有功之臣加薪和发奖金，但是实际情况是自己现在的薪资水平还和两年前刚进公司的标准一样。于是，他便再也坐不住了，决定另谋高就。但是他找来找去，合适自己的类似的职位实在是凤毛麟角，他感到很为难，便求助自己的同学，一个职场老手。在了解晓波的问题后，这个同学便为他提出了一些建议，并协助他做了一个加薪谈判计划。一切准备妥当之后，晓波终于鼓足勇气进了老板的办公室，令他感到意外的是，他的加薪申请成功了，比他想象中的还要顺利得多。但是，他自己也明白，这主要得益于自己的准备工作。

在职场中，当内心有加薪的欲望时，能大胆与老板面对面谈加薪实在是一件不容易的事情，需要和老板斗智斗勇，万一火候掌握不好，不但可能破坏自己在老板心目中的印象，也有可能影响到自己以后的晋升之路。所以，在开口向老板谈加薪时，一定不要让自己陷入尴尬两难的境地。其实，要赢得这场谈判，首先需要从自己和老板的角度去考虑，多重审视，明确自身的位置和实力，揣摩老板内心的真实意图，也就是说，在与老板展开加薪的谈判前，一定要先制定一个谈判要点，然后再摆事实，有理有据地达到说服老板的目的。

当然，在向老板提出加薪策略时，有几点需要具体考虑：

1. **知己知彼**

在向老板提加薪时，首先要正确地评估自己在企业中的作用以及贡献。考虑下你在公司的资历如何、在老板心目中的分量是否重、最近有哪些突出的业绩、为公司带来了多大的利润、自己是否在未来还会为公司做贡献、你的离去是否为公司带来了损失……评估自己，能确认自己的加薪要求是否有实现的可能性。

2. **时机要恰当**

在向老板提加薪时，一定要选择恰当的时机。

通常情况下，员工选择在老板的情绪比较愉快的时候提出适当的要求，老板一般都比较容易接受。比如，要趁着老板沉浸在成功的喜悦时，诚恳地向老板提出加薪要求，或因为你的努力，公司近期业绩的增长，或者你刚刚完成了某个大项目为公司争了光，这个时候向老板提出加薪要求，他就会慎重考虑并做出你所期待的回应。

3. **委托他人**

你还可以委托老板身边的人去间接向老板提出请求。如果你是一般员工，想提出加薪要求时，通常需要你先和部门经理商量，取得他对你工作能力的认可，请求他帮你在老板面前美言几句，或者请老板身边比较亲近的人去帮你说话。委托人的选择要把握一个原则，就是他必须是了解你并确实是支持你的，你也充分信任他。他可以帮你在适当的时机和地点为你向老板提出加薪要求。这样即使遭到拒绝，本人也可以避免面对面的尴尬和不安。

4. **假装辞职**

因为对自己的薪资水平不满意而提出辞职，但是希望公司挽留并最终加薪的员工不在少数。在这样的情况下，可以尝试以辞职来“威胁”，让老板给你加薪。但是，这样做，一定要事先考虑好风险有多大。

要知道，“辞职”是将自己置之死地而后生的一招，需要谨慎选择。在提出辞职的同时，可以让老板了解到你所担任的职位需要薪酬的激励，所以，如果老板心里也有数，但正在观望中，你适时捅破这层纸，他也会顺水推舟同意你的要求。当严重影响到你的工作积极性时，不妨找个机会跟老板坦言相告。

5. **实话实说**

当你感到自己的付出与收获不成正比，并因此严重影响到你的工作积极性时，不妨找个机会跟老板坦言相告。如果你不愿意提出加薪要求或不敢去提，反而让周围的人觉得你缺乏进取心和胆识，并慢慢地被老板遗忘在一个角落中。你愿意成为这样的庸才吗？可能等你发现的时候，你的职位已经被另一个更有魄力的人取代或者你已被老板炒鱿鱼了。

总之，机会总是青睐有准备的人，加薪也不例外。清晰地评估自己的优势和短处，这样你就能十分清楚和清醒地认识到你在谈判中的地位，再提出合理的要求，以期望得到合理的报酬。

11. 如何减少你的“等待成本”

晓兰平时是购物达人，喜欢买物美价廉的商品。有一次，她在一家饰品店看上了一条做工精致的丝巾，一问卖价超乎了她的想象，晓兰与店主讨价还价半天，老板就是不松口降价。于是，她便转身走开了。

回到家之后，晓兰与5个好朋友在一起喝茶聊天，就把这条丝巾归为己有的渴望告诉了她们。6个好朋友聚在一起，终于很快便想出了好办法：先由一个人进店，以比标价略低的还一个价，买不下来就出来。隔不多久，再由另一个人进去，还价比之前再低一些。她的朋友们便依计而行，这样依次去砍价，最后进去的那个人将价砍到最低。

就在店主越来越沮丧、越来越不自信的时候，晓兰便又一次进去了。她的还价比前面两三个人的略高一些。结果，店主便喜出望外，马上按照晓兰的出价将丝巾卖了出去。

晓兰用这种办法取得了不错的收益，其主要原因就在于，在最初晓兰进店与店主侃价的过程中，店主的期望值很高，但是当晓兰的朋友将丝巾的价格越出越低时，店主感觉自己的丝巾随着时间的推移在不断地贬值。也就是说，丝巾在他手中的时间越长，其成本就越高。

这是一场事关自身利益的分蛋糕博弈，决定蛋糕分配方式的一个重要因素便是各方的等待成本，即随着时间的流逝，蛋糕越来越小，两人最终分得的蛋糕也越来越少。在这里，双方虽然可能会丢失同样多的利益，但是一方可能会有其他替代性的做法，有利于抵消这个损失。

比如一位顾客看上了一家服装店售卖的一件高级时装，售价为1500元。但是顾客嫌太过昂贵，于是想与店长讨价还价。比如说，这件时装的进货价为600元，那么，对于店长来说，这件衣服的利润为1500元－600元＝900元，也就是说，仅有900元可以讨价还价。一般的原则便是双方平均分配，即店长降价450元，而顾客节省450元，如此一来，这件时装的最终售价为600元＋450元＝1050元，即店长赚450元。

之所以会出现这样的情况，就是因为顾客可以到其他店去购买这件时装，顾客更能够坚持。而店长则处于要么赚450元，要么与顾客谈不拢价格，而一无所得的境地，理性的选择便是前者。

然而，店长也可以采取策略来改变自己的劣势地位。比如，店长会告诉顾客，这件时装是绝版，全世界仅此一件，并拿出证明书给顾客看，如此一来，顾客要想得到这件时装，那么就必须购买。如此一来，店长可以叫高出1050元的价来。

因此，一个具有普遍意义上的结论是，在讨价还价中，谁在没有协议的情况下过得越好，谁越是能够从讨价还价的利益大饼中分得更大一块。也就是说，谁等得起谁就占据优势地位。

《孙子兵法》中，我们也可以看到类似的事例。《谋攻篇》中指出："日费千金，然后十万之师举矣。"也就是说，战争需要一个庞大的消耗流量来支撑，消耗的流量意味着战争每进行一天，战争的利益就必须要减少相应的数量。正因为如此，孙子告诉我们赢得战争利益最大的一个原则："故兵贵胜，不贵久。"即作战只求胜利，作战久了会挫伤战士的士气，进攻敌人的城池也会缺乏战斗力，国家的经济也会受到巨大的消耗，其他国家也会乘虚而入。所以为求用兵精巧而进军缓慢，最终胜利的战例从来没有听说过。历史上无数的战例也证明了这一点。

第二次世界大战初，德国凭借闪电战所向披靡，横扫当世号称陆军第一强国的法国。在侵略苏联前期，也是进军神速。但是进入苏联腹地，却由于战线拉得过长而陷入持久战。长期的持久战消耗了德国巨大的经济实力和军事生产力（当时德国军工生产的武器近3/4用在了苏联战场，苏联战场的军队占总军队人数的2/3）并最终导致了战事的逆转。

同样在太平洋战场的中途岛海战中，日本指挥官南云忠一为了让攻击美国舰队的轰炸机有战斗机的掩护，而让整个航空战队推迟了5分钟出发。而恰恰在这5分钟里，美国的俯冲轰炸机乘虚而入，一举击沉日本3艘航空母舰，彻底扭转了战局。

这些都是极好的反例。在战争中，胜利并不属于力量最为强大的一方，而属于善于把握时机的一方。这也是理解古今中外无数战争局势的关键所在，也是我们先人最为擅长的智慧之一。在判断一场旗鼓相当的战争的发展趋势时，我们一定要去考察双方的“等待成本”，即哪一方会先沉不住气、冲动指数为多少。

当然，“等待成本”也并不是一成不变的，孙子提出“因粮于敌”即从敌人那里求得补给可以大大提高自身的“等待成本”。

总之，在讨价还价的博弈中，最终得出的协议便是会将较大份额的蛋糕分给较有耐心的一方。讨价还价的博弈中，我们可以根据双方耐心的度量去预测最终的结果。在这个过程中，各方必须猜测对方的等待成本，因为等待成本较低的一方能够占上风，获得更多的利益。为此，各方要赢得主动权，就是宣称自己的等待成本很低，或者通过一系列的行为让对方知道自己的等待成本很低。然而，证明自己的等待成本很低的做法为：开始制造这些成本，以此来显示你能够支撑更长时间，或者自愿承担造成这些成本的风险，较低的成本可以使较高的风险变得可以接受。

12. 卖家最拿“另有门路”的买家没办法

阿瑟林是美国纽约一个普通家庭的母亲，周日，她带着 8 岁的儿子汤姆到商场去给丈夫买一台收音机做生日礼物。他们走到一家电器专卖店，精挑细选后看上了一台收音机，店家要价 36 美元，而阿瑟林觉得价格太高，于是就与店员开始讨价还价。双方百般纠缠了一会儿之后，阿瑟林便放弃购买，带着儿子离开。

一会儿，他们转悠了一阵，又到了另一家电器大卖场，阿瑟林看到商场也卖同款的电器，便问其价格，店员回答说：“36 美元。”阿瑟林便说道：“哦，这么贵？我刚才在其他商场看到的同款产品才 28 美元呢！”

店员说：“这是不可能的，我们这里面的价格是最低的！”这时，聪明的小汤姆插话说：“妈妈，我们还是去刚才的那家店买吧！”

阿瑟林看了汤姆一眼，正准备转身离去，店员说道：“女士，你看 30 美元成吗？”阿瑟林犹豫了一会儿，便又拿起那个收音机看了起来，十分无奈地说：“好吧，我们也想不起来卖 28 美元的那家店在哪个方向了！”作为报酬，汤姆得到了他们发现的最高价和成交价之间的差额：6 美元，也就是说，他们耐心地选择最终使他们“赚”了 6 美元。

阿瑟林采取“货比三家”的购买策略，最终多“赚”了 6 美元。这种让卖家与卖家之间竞争的策略设计，其实就包含着对外部机会的深刻算计。

比如生活中，你要去购买一款汽车，那么，你会有两个策略：一是，锁定一个代理商，与他百般纠缠，软硬兼施，逼他非降价不可；二是，到好几家代理商那儿去转悠，然后在询问价钱的时候漫不经心地暗示，你不仅确实要买车，而且已经看了几家店。哪种策略会更好一些呢？

对此，美国著名的经济学家阿尔契安·阿门·艾伯特在其教科书中指出："多找几家店会更好一些，因为卖家最拿'另有门路'的买家没办法。与卖家竞争的是其他的卖家；与买家竞争的是其他的买家；而卖家并不是和买家争。"在这个物质极为丰裕的社会中，卖家与卖家间的竞争更为激烈一些，而买家与买家之间的竞争几乎不存在。为此，对于卖家来说，如果买家将其另一家卖家即竞争对手搬出来说话，那么，则会处于优势地位。

要知道，这个世界上的任何商品，其价值都是因为有人争夺才实现的。空气没人争，所以其价值为零；阳光没人争，于是价值为零。但是马尔代夫的阳光和空气有很多人争，于是价值不菲。马尔代夫的居民就是再抠门，游客也得感谢他们为度假多提供了一个机会。到那里旅游的高价格，是游客们自己所造成的。

因为市场的安排，无形中便形成了一种竞争的环境。联想电脑和戴尔电脑都不得不给它们生产的产品定下相对较低的价格；而各大商场为了赚取更多利润，不得不通过各种促销手段来吸引消费者眼球；甚至就连结了婚的夫妇，对各自利益的谋取，可能会变成一场两个人的博弈游戏。

在人与人之间的讨价还价中，要记住，潜在的利益谋求者相互竞争会导致讨价还价的能力降低。因此，如果你是买家，如果不是团购的话，不要与其他买主一起抢购某一种商品；如果你是卖主，也尽量不要将其他卖主的信息透露给潜在的顾客。

13.“得寸进尺”策略：细水长流，一点点地制伏对方

在一个寒冷的夜晚，有个人正坐在自己的帐篷中，外面是呼啸

而来的寒风，里面相对比较暖和一些。不一会儿，门帘轻轻地被撩起来了，原来是他的那头骆驼，它在外面朝帐篷里看了看。

这个人很和蔼地问它：“你有什么事吗？”

骆驼说：“主人啊，外面太冷，我冻得受不了了。我想把头伸到帐篷里暖和暖和，可以吗？”

这个人说：“没问题。”

于是，骆驼就将它的头伸到帐篷里来了。过了一会儿，骆驼又十分可怜地恳求道：“能让我把脖子也伸进来吗？”这个人想了一下，认为反正也占不了多大的地方，于是便又答应了它的请求。骆驼于是就将脖子也伸进了帐篷之中。它的身体在外面，头很不舒服地摇来摇去，很快地它又说道：“这样站立实在是很不舒服，其实，我将前腿放到帐篷里也就是占用一点地方，我却可以稍微舒服一些。”

这个人又仁慈地说：“说得也对，那你就将前腿也放进来吧。”阿拉伯人又一次挪动了一下身子为骆驼腾出一些空间来，因为那间帐篷实在是太小了。

又过了一会儿，骆驼又一次摇晃着身体，接着说话了：“其实我这样站在帐篷门口，外面的寒风刮进来，你也和我一起受冻，我看倒不如我整个儿站到里面来，我们相互拥挤在一起，可以更暖和一些呢！”

然而，那个帐篷实在是小得可怜，要容纳一人一驼是不可能的。但是，这个善良的人又仁慈地说：“虽然地方小了点，不过你可以整个站到里面来试试。”骆驼进来的时候说：“看样子，这间帐篷是住不下我们两个的，你身材比较小，你最好站到外面去。那样，这个帐篷我就住得下了，而且空间也能够被充分地利用了。”

骆驼说着，进来的时候挤到了主人，这个人打了一个趔趄就退到了帐篷外面，主人就这样被骆驼挤了出去。

在故事中，骆驼之所以能步步为营，取得成功，最主要的就是采用了“得寸进尺”的策略，也就是在双方面对冲突的时候，可以通过一些小的要求或威胁，一步步地与对方公开冲突。也就是说，双方真的要来一场恶战，也应该让步，逐步地升级，因为这样，每一次的投入成本就会比较小，而且其冲突也是逐渐地开展的。为此，我们要制止冲突，最为有效的办法便是制止每一个小的冲突的不断升级，这样便会降低大型的或者是公开冲突的概率。

同时，那些认同较小请求的人往往会将自己看作是一个乐于助人或者是乐善好施者，而这种自我感觉使其在下一次对方要求更多的情况下仍旧愿意提供更多的帮助。这一办法后来为融资者大量运用，他们总是在第一次上门的时候求取一点点，而后再来求取更大的份额，结果屡试不爽，收益多多。

直到今天，一些金融机构仍然在玩弄这套把戏：什么金卡、银卡、透支消费、刷卡送保险等，先用一些小恩小惠将你引诱过来，然后将你彻底套牢。当然，有时双方都是共赢的，但对不知道这个游戏规则的消费者来说，结果可能是吃亏的。

为此，在谈判中，我们可以运用“得寸进尺”策略去缩小威胁和承诺的规模，一点点地让对方接受，从而最终让其就范。

14.“退一步进两步”策略：将拳头攥紧，打出去才更有力量

齐波是一家服装厂的销售经理，这个月，厂长给他下了一个任务，那就是将往年积压的服装以低价清理掉。这让齐波为难极了，他明白，那些服装虽然质量都不错，但是样式陈旧，就是到商场中以成本价处理，在几个月时间内也是极难清理掉的。

正在齐波为难时，他的助理为他想了一个办法，先将服装的整体标价提高，然后再以1折的价格销售，比如原价500元的服装，成本价即为50元，可以先将价格提升至1000元，再以1折即成本价100元销售，这既可以让消费者觉得自己占了大便宜，买到了物美价廉的东西，争相购买，同时自己又多赚50元。

齐波思考后，便决定依照助理的想法去执行。果然，没过多久，这个方案便显示了巨大的“威力”，原来预定8个月处理完的库存，没想到仅用3个月时间就被消费者抢购一空。

这便是“退一步进两步”的策略：先以高出原价许多的价格标出，然后再以极低的打折价出售，让消费者觉得自己占了极大的便宜，便争相购买。看似退了一步，最终却进了“两步”，即得到了比成本价高1倍的利润。

生活中，我们如果放宽自己的视野，完全可以运用这种思维获得事半功倍的效果。“退一步进两步策略”，是指在刚开始谈判的时候，明知道自己的意见、方案、建议或者想法必然会遭到淘汰或者另一方的反对，于是首先会提出众多的苛刻条件、不可能达成的要求，极大地激化矛盾，将矛盾扩大化，使关键问题规模化，从而引发更为广泛的争议。然后，自己再退一小步，做出妥协退让的姿态，解决一些次要的矛盾，牺牲一些次要的利益，展示出退一步海阔天空的“高尚”形象，这样便在表面达成了双赢，但是实际上则是进一步蚕食了对方的利益，实现了最初要达到的目标。

商场中，商家要获得最大的利润，会先将商品标出极高的价，然后再通过高度让利的方法使消费者在产生占便宜的心理基础上产生购买欲望；在谈判中，可以先向对方提出极为苛刻的条件，然后，再不断地通过微小的让步来让对方接受，从而达到制胜的目的。

在职场中，你负责一个项目，但是又无精力去监督日常事务中的一切细节，所以需要助手或者下属帮忙完成。你想用激励的方法让下属或助手将项目的大部分事务都管起来，但是又不想放弃对整个项目的领导权，该怎么办呢？

对此，你可以尝试使用“退一步进两步策略”：你可以给下属或助手充分的选择权，比如，你可以对他说：“你看，我们的项目做到这里，出了一些问题，我觉得由你处理更为合适一些。你看是甲方案好，还是用乙方案好？”

这个时候，你还是主要负责人，你给出了选择，却让下属或助手有了选择权，便立即产生了做主人的感觉，这种感觉会使他们更热爱自己的工作，会恪尽职守、小心翼翼，努力将工作做得更为完美。这主要是因为下属在选择的时候、有了责任感，觉得自己所选的方案是最好的，因而会尽全力去完成。

生活中，如果你的孩子总是闹着要吃冰激凌，你告诉孩子冰激凌吃多了会有损健康，但是孩子不听，仍旧坚持要吃，这个时候你如果简单粗暴地拒绝，他肯定会哭得更为厉害。如果你在拒绝冰激凌的同时又问他：“喝白开水还是矿泉水？”孩子就会重新考虑吃冰激凌的合理性，重新估计形势。

第八章

酒吧博弈：

在混沌的世界中趋吉避凶的聪明选择

1. 酒吧博弈：在不可预测的世界中理性地活着

由于酒吧的容量有限，因此人们不得不根据自己的推测来决定是否去酒吧，这就是美国著名的经济学专家阿瑟教授在 1994 年提出的“酒吧博弈”。

阿瑟教授从当地一家真实存在的酒吧的营业状况中发现了这个现象，酒吧博弈的理论模型大致是这样的：假如有 100 个人很喜欢泡吧，于是在每个周末，他们都要决定是去酒吧还是待在家里。但是酒吧的容量有限，只能坐 60 个人，此时酒吧的气氛融洽，受到的服务也最好。而如果去的人多了，就会导致大家都玩得不够尽兴，甚至会觉得不舒服，还不如留在家里。

第一次，100 个人中的多数去了这唯一的酒吧，导致酒吧人满为患，他们没有享受到满意的服务和乐趣。多数人抱怨：还不如不去呢；那些选择没去的人反而庆幸：幸亏没去。

第二次，很多人又根据上次的经验，决定不去了。结果因为多数人没去，而使酒吧里的人数相对较少，所以去的人享受了一次高质量的服务。没去的人知道之后，便又后悔了。

那么，这些人究竟该不该去酒吧呢？

这是一个典型的动态群体博弈模型。前提条件还做了如下的限制：每一个参与者只能根据以前去酒吧的人数归纳出此次行动的策略，没有其他的信息可供参考，他们之间都相互不认识，没有任何的信息交流。

在这个动态博弈中，每个参与者都有这样的困惑：如果多数人预测去的人数超过 60 而决定不去，那么，酒吧的人数反而会很少，多数人做出的这个预测就出现了偏差。反过来，如果多数人预测去的人数会少于60，因而去了酒吧，那么去的人则会很多，即超过了60，那么他们的预测也便错了。

理论上说的确如上述所言，但实际情况又会是怎样的呢？

按照阿瑟教授的理论，每回去酒吧的人数都会因为上一回的情况而浮动，从而形成了一种持续波动的关系。然而，后来的学者已经用实验证明这个预测在多数情况下是不正确的。他们通过计算机的模拟实验得出了另一个结果：起初，去酒吧的人数没有一个固定的规律，然而，经过一段时间后，去与不去的人数之比接近于60∶40，尽管每个人不会固定地属于去或不去的人群，但此系统的这个比例是不变的。

阿瑟教授从理论上假设：如果人人都是理性的，那么每一天到达酒吧的人数将是差不多正好的。但是人非圣贤，人的理性往往是有限的。第一次到酒吧的人多，那么大多数人都认为酒吧人太多、太过拥挤。第二次在作决定的时候，参考前次而不去酒吧。少数去的人发现酒吧的人第二天很少，感觉很爽，第三次将继续会来，并且重新带回许多人……循环就此开始。

“酒吧博弈”理论的提出，为日常生活中经常遇到的一些问题提供了新的方法和思路。

生活中，人们经常会遇到类似的状况，如炒股、填报志愿、足球博彩，等等。由于没有确切的数据可以参考，于是推测就变得极为重要，且推测正确的概率往往微乎其微。

而房价博弈、房地产商与购房者之间的博弈、分期付款与一次性付款的博弈……其实与酒吧博弈中的博弈情景非常形似。

由于不断变换的市场问题，房价始终不能够让双方满意，就如酒吧中最佳的环境并不可能出现在任何时候；房价始终被讨伐，而结果却越涨越高，就如酒吧博弈中泡吧人即使使出浑身解数也无法非常准确地推测出正确的答案，但是却始终不减对推测的热情；房价越涨越高，买房者的买房热情也跟着高涨，因为其唯恐房价不再回落，而房价越降越低的时候，买房者仍然会继续等下去，因为其始终想要等到最低价，就如酒吧博弈中的判断失误的泡吧人始终坚持自己的决定，一心想要等到人渐渐散去，或者人渐渐多起来，从而得到最佳的泡吧氛围……

然而，令人遗憾的是推测行为始终进行，而推测结果也往往将错误进行到底，即使推测者（买房者）的经验无穷丰富，推测者（买房者）的手段极端高超，因为市场始终在变，绝非一人之力可以掌控。所以，博弈双方只能尽情地博弈下去……

酒吧博弈告诉我们：从一个非线性（即自变量与变量之间不成线性关系，也就是无规律）的系统的整体来说，其变化往往是不可预测的。要做出正确的决策，必须要了解其变化规律。所谓的非线性的混沌系统，可以这样理解：2 是 1 的 2 倍，但 100 万未必是 1 的 100 万倍，后者是不能准确了解的系统，那么我们不知道什么时候量变引起质变。那么，我们的策略一定要退到寻找事物的“临界点”上面。

2. 少数人博弈：灵活地采取策略

生活中，很多现实事例与酒吧模型的道理是相通的。“股票买卖”、“交通拥挤”以及“足球博弈”等问题都是酒吧博弈模型的延伸。对于这一类问题，一般称之为“少数人博弈”。“少数人博弈”是改变了形式的酒吧问题，是由一位定居在瑞士的中国人张翼成在 1997 年提出的。

在股票市场上面，每一位股民都在猜测其他股民的行为而努力与多数股民不同。如果多数股民处于卖股票的位置，而你处于买的位置，股票价格低，你便是赢家；而当你处于少数的卖股票的位置，多数人想买股票，那么你所持有的股票价格上涨，你将会获利。

然而，在实际生活中，股民究竟会采取什么样的策略是多种多样的，他们中的多数完全会根据以往的经验归纳得出自己的策略。在这种情况下，股市博弈也可以用少数者博弈来解释。

“少数人博弈”中还有一个特殊的结论，即那些记忆力好且经验丰富的股民未必一定具有优势。因为如果确实有这样的方法，在股票市场上，人们完全可以利用计算机存储的大量的股票历史数据就完全能够赚到钱了。但是，如此一来，人们将争抢着去购买存储量大、速度快的计算机，在实际中，人们还没有发现这是一个炒股必赢的方法。

当然，“少数人博弈”还可以应用于城市交通中。现在城市的车辆越来越多，道路也越来越多、越来越宽，但是交通却越来越拥挤。在这样的情况下，司机所选择的行车路线就变成了一个复杂的少数人的博弈问题。

实际上，城市道路往往是复杂的网络。我们可以将交通问题加以简化，假设在交通高峰时间，司机只面临两条路的选择。这个时候，往往要选择没有太多车的路线行走，此时他宁愿开一段路程，而不愿意在塞车的地段焦急地等待。司机只能够根据之前的经验来判断哪条路更好走一些。当然，所有司机都不愿意在塞车的道路上行走，因为每一个司机的选择必须要考虑其他司机的选择。

在司机行车的“少数者博弈”问题中，司机经过多次的选择和学习，许多司机往往能找到规则性，这是以往成功和失败的经验教训给他们的指引，但这不是必然有效的规则性。

在这个过程中，司机的经验和司机个人的性格起着十分重要的作用。有的司机因为更多的经验而更能够躲开塞车的路段；而有的司机则会因为经验不足，往往不能够避开高峰路段；有的司机很是喜欢冒险，宁愿选择那些短距离的路线；而有的司机则因为保守而宁愿选择有较少堵车的较远的路线，等等。最终，不同的特点、不同经验司机的路线选择，也决定了路线的拥挤程度。

“少数人博弈”告诉我们：对于身处一个没有规律可循的社会系统中的个体来说，在无法预测的过程中灵活地采取恰当的策略，往往可以趋吉避凶。在这样的策略中，少数者的策略往往是值得关注的重点。

3. 要损坏一件东西，最好的办法便是无限制地任由其繁殖泛滥

一户人家养了一只猫，觉得自己的猫比别人家的猫能够捉更多的老鼠，于是，就给它起了个名字叫“虎猫”。这一天，他家来了一个客人，谈论起这只猫，说道：“虎的确很是厉害，但却不如狮子，狮子是万兽之王，就请改名为狮猫吧！”主人拍掌称妙，于是虎猫便改成狮猫了。

但是，在第二天，家里又来了一个客人，听了给猫改名字的事情，很不以为然地说：“狮子虽然比虎强大，但是只能够在地上跑，而天上的龙则可以在天上飞行，比狮子更为神奇，不如改名为龙猫吧。”主人频频点头，便将狮猫又改为龙猫。

过了一段时间，第三位客人来家中，听说狮猫改成龙猫了，忙说道：“龙虽然比虎、狮神气一些，但是龙升天要依靠天上的浮云，不如叫云猫。”从此，龙猫便改叫云猫了。

又过了些日子，第四位客人听说龙猫改成了云猫，他认为不好，

便对主人说："满天云气，经不住一阵狂风就吹散了。风的威力巨大，叫作风猫吧！"于是，云猫便又被改成了风猫。

又过了几天，第五位客人听说云猫改成风猫了，就向主人建议道："再大的风，一堵墙就能够将它挡住，叫墙猫再合适不过了。"这样，风猫又被改成了墙猫。

一位邻居听说了墙猫这个名字，很有意见，他便找上门来对主人说道："墙猫结实固然不错，但是你是否想过，老鼠会在墙上打洞，打了洞的墙，便很快会倒塌，还是叫鼠猫吧！"

这个故事有些可笑，但是告诉我们一个道理，那就是参与者之间未经协调地选择是相互影响的，最终会达成让全体参与者都感到遗憾的结果。上述几个给猫取名字的客人之间是相互陌生的，他们在给猫取名字的时候，没有从整体考虑，而是片面地从前一个名字出发，推出结论，最终给猫起了个可笑的名字——鼠猫。

某位大家说："要把那个东西搞坏，不要骂它，不要臭它，而是让它无限制地繁殖泛滥，结果它自然就名声扫地了。"正如一个封建王朝的兴衰一般，刚刚建立时，百废待兴，统治集团政治清明、励精图治，不断地将王朝推入鼎盛时期。渐渐地，越往后发展，内部矛盾便越来越激化，最终自己将自己打垮，直到另一个新的王朝取而代之。用生活中的俗语来解释这个现象便是：物极必反，凡事过犹不及，适得其反。事物依照其原有的规律不断地发展，不断地繁殖泛滥，终会走向衰落、灭亡。

这也告诉我们一个道理，并非一加一就会等于二，很多理性数额的相加非但不能产生巨大的力量，而且还有可能会导致其衰落和灭亡。同样的道理，一项决定即便由很多人赞成，仍旧有可能会导致一个在每个人看来都非常糟糕的结果。之所以会出现这样的问题，是因为短视的决策者没能将目光投得更长远一些，他们看不到全局的发展。

4. 混沌世界的临界点：压垮骆驼的往往是最后一根稻草

一个主人养了一匹骆驼，他每天每夜都让它不停地干活。好多年过去了，这只骆驼慢慢地变老了，它仍旧还是任劳任怨地干活。有一天，主人想看看这个老骆驼到底还能够拉多少货物，于是不断地加，但是骆驼还是没有倒下，最后主人想是不是已经到了极限呢？于是便轻轻地投了一根稻草在它的背上，没想到就是这样一根稻草便使老骆驼轰然间倒了下去。

这是一个著名的寓言故事。一根稻草的重量微不足道，但是却能将骆驼压垮。这也说明，再小的分量，相互关联地积累起来，也可以沉重如山，将骆驼压垮。

其实，生活中，一系列的巨变都是由一系列细微的事情造成的。我们综观人类社会的诸多现象，比如稳定及保持了一亿六千万之久的恐龙，为何会灭绝？为何平时看似安静、平和的地球表面会时不时地突然爆发地震和火山？为何一度强大的苏联政权会在几个月之内便轰然倒塌？并且导致这个超级大国本身也在其后不到两年的时间内分崩离析？几万年前原本是大海的地表，为何会在几万年之后慢慢变成高山？

关于此，美国的两位物理学家 Per Bak 和 Kan Chen 做过这样一个研究，他们让沙子一粒一粒落在桌上，形成逐渐增高的一小堆，借助慢速录像和计算机模仿精确地计算每在沙堆顶部落置一粒沙会连带多少沙粒移动。在初始阶段，落下的沙粒对沙堆的整体影响很小；然而当沙堆增高到一定程度，落下一粒沙却可能导致整个沙堆发生坍塌。Bak 和 Chen 由此提出一种“自组织临界”的理论；沙堆一旦达到“临界”状态，每粒沙与其他沙粒就处于“一体性”接触，那时每粒新落下的沙都会产生一种“力波”，尽管微细，却能贯穿沙堆整体，把碰撞次第传给所有沙粒，导致沙堆发生整体性的连锁改变或重新组合；沙堆的结构将随每粒新沙落下而变得脆弱，最终发生结构性失衡——坍塌。这个理论说明：自然界与社会并非是直线发展的，而是相互关联和相互进化的。这个理论可以用来解释自然界物种灭绝、火山、地震的爆发，以及沧海桑田的变化与社会政权的迅速变更问题。

以上理论给我们的博弈启示便是：在一个混沌的非线性的世界中，整体并非是部分的相加，它可能大于所有部分的相加，因为世界中的一切都是相互关联的。一些细小的事物在积累过程中，一旦超过了它的多样化临界点，就会发生爆炸性的巨变，而且原来的平衡一旦被破坏，就不可能自行恢复。

生活中，一系列的巨变都是从细微开始的，当我们注意到问题的时候，往往已经很晚了。而起因只是一粒沙子或者只是一根稻草。每一个相关对象的偶然性因素都包含了对象必然发展的结果的信息。一个十分微小的诱因在各种内在因素的参与下，有时都会产生极大、极复杂的后果。所以，我们要在混沌的世界中理性地生存，就必须要防微杜渐，以防细微的力量酿成大祸。

5. 要撼动整体，就先从“细微”处着手改变

一个新兴城市的郊区，因为那里的村民们都不讲卫生，所以，其整个村的卫生都很差，到处堆满了垃圾，使整个村脏乱不堪。村长很想改变村中人们的习惯，于是便想了一个奇妙的办法：他买了

一条漂亮的连衣裙送给了一个15岁的小女孩。小女孩穿上之后，她的家人便发现她脏兮兮的双手、胳膊以及蓬乱的头发，与她的漂亮的裙子极不协调。于是，便命令她去洗澡。女孩洗完澡出来，穿上裙子很是漂亮、干净。但是，她的家人又发现，家里脏乱的环境与她的穿着也极不协调，于是，便命令全家人，将家中脏乱的地方全部都打扫干净。这时候，家里顿时变得亮敞干净多了。

很快，这个家庭中的人从干净的家中出来，面对门口满地的垃圾极为别扭。于是，又发动全家人将门口好好地清扫了一遍，从此之后，他们也开始注意保持卫生了，再也不往门口乱倒乱扔垃圾了。

不久，女孩的邻居发现隔壁洁净的环境实在太令人舒服了，于是也发动全家人，将家里的里里外外都清扫并收拾了一遍。就这样，一传十、十传百，几个月之后，村长便发现整个村都变得干净多了，每个人都穿着干净的衣服，街道干净而且整齐有序，再也看不到脏乱不堪的垃圾了。

这个故事告诉我们，要想撼动整体，带动整体向良性的方向发展，必须要从“细微”之处着手。事物的“质变”都是从细微之处开始的。一根头发、一粒沙子的移动，这些看似细微的变化，当数量达到某个程度，才会引起外界的注意，但这只是停留在量变的程度，难以引起人们的重视。一旦量变达到临界点时，突变便不可避免地出现了。滴水穿石、千里之堤溃于蚁穴，说的就是这个意思。

第一棵树的砍伐，最后导致了森林的消失；一日的荒废，可能是一生荒废的开始；第一场强权战争的出现，可能是使整个世界文明化为灰烬的力量。这些预言或许有些危言耸听，但是在未来我们可能不得不承认它们的准确性。对于此，我们可以用“多米诺骨牌效应”来解释。

大不列颠哥伦比亚大学物理学怀特海德曾经制作了一组骨牌，

共 13 张。第一张最小，长 9.53 毫米、宽 4.76 毫米、厚 1.19 毫米，还不如小手指甲大。以后每张扩大 1.5 倍，这个数据是按照一张骨牌倒下时能推倒一张 1.5 倍体积的骨牌而选定的。最大的第 13 张长 61 毫米，宽30.5毫米、厚 7.6 毫米，牌面大小接近于扑克牌，厚度相当于扑克牌的 20 倍。

将这套骨牌按适当间距排好，轻轻推倒第一张，必然会波及第 13 张。第 13 张骨牌倒下时释放的能量比第一张牌倒下时要整整扩大 20 多亿倍。因为多米诺骨牌效应的能量是按指数形式增长的。若推倒第一张骨牌要用 0.024 微焦的能量，倒下的第 13 张骨牌所释放的能量可以达到 51 焦。

这种效应的物理原理是：骨牌是竖着时，重心较高，倒下时的重心下降，倒下的过程中，其重力势能转化为动能。它倒在第二张牌上面，这个动能就转移到第二张牌上，第二张牌将第一张牌转移来的动能和自己倒下过程中本身具有的重力势能转化来的动能之和，再传到第三张牌上面……所以，每张牌倒下的时候，具有的动能都比前一张牌大，因此它们的速度一个比一个快，它们依次推倒的能量一个比一个大。

不过，怀特毕竟没有制作出第 32 张骨牌，因为它将高达 415 米，两倍于纽约帝国大厦。如果有人制作了这样一套骨牌，那么摩天大厦就会在一指之力下轰然推倒！

由此可见，细小的力量也能产生巨大的能量。利用多米诺骨牌效应，我们也可以通过细微的力量让事物向自己所期望的方向转变。

多米诺骨牌效应就是告诉我们：一个组织的奋起，也许就开始于一个员工敲开了一扇普通的门。千万不要轻视了细微的力量，一丝一毫的力量坚持到最后，都能焕发出巨大的力量，促成最终的成功。

6. 让自己"脱颖而出"的策略：做一个显眼的"少数者"

美国著名的钢铁大王卡内基小时候家里很是贫穷，有一天，他放学回家的时候经过一个工地，看到一个老板模样的人正在那儿指挥一幢摩天大楼，卡内基走上前去，问道："我长大后怎么做才能成为像你这样优秀的人呢?"

"当然要勤奋了。"

"这我早就知道了。"卡内基又接着问，"还有呢?"

"买一件红衣服穿上!"听完此话，卡内基满腹狐疑，"这与成功有关系吗?"那人便指着前面的工人说道："有啊！你看他们所有人都穿着清一色的蓝色的衣服，所以我一个都不认识他们。"说完，他便又指着旁边的一个工人说道："你看那个穿红衣服的，就因为他穿得和别人不同，这才引起了我的注意，我也就认识了他，发现了他的才能，过几天我会给他安排一个职位的。"

在所有人都穿蓝衣服的人群中，穿一个红色衣服，的确能吸引人的眼球，引起人的注意，那么，他就很容易能够脱颖而出了。这位工人采用的是"少数派"策略。

我们固然生存于非线性的混沌的环境中，但是，对于个体来说，要想"出头"，成为人人关注的对象，最为理性的办法便是做个"少数人"。

唐贞观十九年，唐太宗李世民亲征高丽，高丽委派大将高延寿和高惠真率军 15 万前去迎战。唐太宗设计将他们诱至安市城东南 8 里，双方展开了大决战。

李世民选了一处高坡观战。当时战场上风云突变，阴云四起，雷电交加。双方刚刚一接阵，唐军中就有一员小将穿着一件十分耀眼的白袍，手中握戟，腰中挎弓，大吼一声杀入敌阵。敌将惊慌失色，正要分兵迎战，但是阵形却被那员小将冲乱，士卒们四散奔逃。唐军跟随在那员小将的后面掩杀过去，高丽军顿时溃不成军。

战斗结束之后，李世民派人到军中询问："刚刚冲在最前面的那个穿白衣的将军是谁?"有人回答："是薛仁贵。"

李世民便专门召见了薛仁贵，称赞他一身都是胆，并且赐予两匹马、绢 40 匹，加封他为右领军郎将，负责守卫长安太极宫北面正门玄武门。从此以后，薛仁贵几次率军南征北战，并且立下了"三箭定天山"的功劳，被封为右威大将军、平阳郡公，兼任安东都护。

薛仁贵穿上与众不同的白袍杀入敌阵，其初衷也许是为了让自己的士兵更容易辨识出自己，但是却在客观上收到引起注意并受到器重的效果。他所采取的白袍战略，在博弈论中被称作"少数派策略。"

生活中，我们也能够发现：那些顺风顺水改变命运的都是些与众不同的少数者。真正的少数者总是在条件还没有齐全的时候已经向胜利出发了，他们会想尽一切办法去创造自己所需要的条件，而不是像其他多数人一样，等已经有人出发，做出选择，才开始想是不是时机成熟了。

7. 让开那架独木桥：敢于敲开"生门"，才能绝处逢生

在一个炎热的夏季，沈阳街头流传着这样一个故事。

有兄弟两人和妯娌俩同时筹集了两家人的全部积蓄，投奔海南往沈阳贩卖西瓜。在当时，沈阳市场的西瓜极为紧缺，经营者都纷纷奔赴海南购买西瓜，都想大赚一笔钱，这是一个极佳的机遇。

然而，现实情况却出人意料，当兄弟两人把西瓜从海南贩运到沈阳之后，沈阳市场上的西瓜则是堆积如山，兄弟两人喊破了喉咙

也卖不动。最终一算账，连本钱都没能够赚回来。于是哥俩都绝望地说道：“今后，死也不做这种长途贩运生意了。”

但是，妯娌俩却没被眼前的困难吓倒，她们筹集了一大笔资金，不顾众人的劝阻，二下海南，这一次，当她们把西瓜运回来之后，市场上当天也只有她们两人的西瓜，客人很多，西瓜一下子就被人抢光了，不但弥补了上次的亏损，还获得了一万多元的利润。

有人问她们当初赔了那么多钱，为何还要去海南贩运西瓜？妯娌俩却这样说道：“第一次，市场上缺西瓜，我们去贩运的时候，很多人也去贩运了，又都是那两天到货，货物一多，价格就降下来了。而在我们赔钱的时候，别人也照样赔钱，就如他们哥俩那样，害怕再赔钱。正是在这个时候，我们把西瓜运过来，市场却只有我们一家，价格自然就上去了。”

妯娌两人之所以能收回成本，最主要的是运用了“少数派策略”：在所有人都赔钱放弃贩运西瓜的时候，仍旧坚持贩运西瓜，最终大赚了一笔。这个故事告诉我们：资源是有限的，唯有另辟蹊径，找到多数人没有注意到的那个“生门”，才可能绝处逢生，甚至获得比挤上“独木桥”的千军万马更高的收益。

一位商人到一处桐油的盛产地去收购桐油，因为来迟了一步，桐油已经被他人收购一空。这可怎么办？大老远地跑过来，这样空着手回家，实在是不甘心。这个时候，商人灵机一动，既然这里的桐油被收购一空，盛桐油的篓子则一定能俏销，于是就用柳条编织了一些篓子，上面糊上厚厚的油纸，做成了盛桐油的篓子，最终赚了一大笔钱。

资源都是有限的，如果我们将争夺的焦点都放在有限的几种事物上，每个人所面临的处境都是十分艰难的。而唯有抛弃传统的想法，不要进入人云亦云、人求亦求的怪圈之中，才能开创一条与众不同的新路。

第九章

猎鹿博弈：

合作是为了利益最大化

1. 猎鹿博弈：合作促双赢，是为了将蛋糕做得更大

猎鹿博弈，又称猎鹿模型（Stag Hunt Model）、猎人的帕累托效率，其源于启蒙思想家卢梭的著作《论人类不平等的起源和基础》中的一个故事。

古代的村庄有两个猎人。当地的猎物主要有两种：鹿和兔子。如果一个猎人只身去作战，一天最多只能打到 4 只兔子。而只有两个人一起去才能猎获一只鹿。再从填饱肚子的角度来说，4 只兔子只能保证一个人 4 天不挨饿，而一只鹿却能让两个人吃上 10 天。这样两个人的行为决策可以形成两个博弈结局：分别打兔子，每人得 4；合作，每人便得 10。这样猎鹿博弈有两个纳什均衡点，那就是要么分别打兔子，每人吃饱 4 天；要么合作，每人吃饱 10 天。

这里不妨假设两个猎人为 A 和 B。我们引入一种矩阵式的对两人博弈的描述方法，见下图。

A/B	猎人 A（抓兔）	猎人 A（打鹿）
猎人 B（抓兔）	（4/4）	（0/4）
猎人 B（打鹿）	（4/0）	（10/10）

在这个矩阵图中，每一个格子都代表一种博弈的结果。具体来说，左上角的格子表示猎人 A 和 B 都抓兔子，结果是猎人 A 和 B 都能吃饱 4 天；左下角的格子表示猎人 A 抓兔子，猎人 B 打鹿，结果是猎人 A 可以吃饱 4 天，B 则一无所获；在右上角，猎人 A 打鹿，猎人 B 抓兔子，结果是猎人 A 一无所获，猎人 B 可以吃饱 4 天；在右下角，猎人 A 和 B 合作抓捕鹿，结果是两人平分猎物，都可以吃饱 10 天。

显然，两个人合作猎鹿的好处比各自打兔子的好处要大得多，

但是要求两个猎人的能力和贡献相等。如果一个猎人的能力强、贡献大，他就会要求得到较大的一份，这可能会让另一个猎人觉得利益受损而不愿意合作。

“合则双赢”的道理每个人都懂得，但是在现实中，很难合作的原因就在于此。合作要求博弈双方学会与对手共赢，充分照顾到合作者的利益，这样才能达到实现“联合”，实现利益的最大化。

其实，在现实生活中，企业间的“强强联合”便是接近于猎鹿博弈。比如，跨国汽车公司的联合、日本两大银行的联合等均属于此列，这种强强联合造成的结果便是资金雄厚、生产技术先进，在世界上占有的竞争地位更为优越，发挥的影响也更为显赫。总之，他们将蛋糕做得更大，双方的效益也就越高。比如宝山钢铁公司与上海钢铁集团强强联合，最重要的就是将蛋糕做大，双方都能分到更多的利益。在宝钢与上钢的强强联合中，宝钢具有资金、效益、管理水平、规模等方面的优势，上钢也有着生产技术与经验的优势。两个公司实施强强联合，充分发挥各方面的优势，发掘更多、更大的潜力，形成一个更大、更有力的拳头，将蛋糕做得比原先两个蛋糕之和还要大。

当然，对于猎鹿博弈，我们的思路实际上只是停留在考虑整体效率最高这个角度，而没有考虑蛋糕做大之后的分配问题。猎鹿博弈是假设猎人双方平均分配猎物。然而，在现实中遇到分配的时候，往往也会出现不公平的状况。

我们不妨做这样一种假设：猎人 A 比猎人 B 的狩猎能力水平要略高一筹，但猎人 B 却是酋长之子，拥有较高的分配权。我们可以设想，A 猎人与 B 猎人合作猎鹿之后的分配并非是两人平分成果，而是 A 猎人仅分到了够吃两天的鹿肉，B 猎人却分到了够吃 18 天的鹿肉。在这样的情况下，整体效率虽然提高，但是却损害到猎人 A

的利益。我们假想，具有特权的猎人 B 会通过各种手段方法让猎人 A 乖乖地就范。但是猎人 A 的狩猎热情却受到了伤害，这必然会导致整体效率的下降。

这给我们这样的启示：只有少数人享有多数人的财富或权力的时候，必然会导致社会整体效益的下降以及不稳定，利益集团与弱势群体的矛盾必将日益突出，而目前世界范围内日益严重的贫富不均的情况，正是对我们的警示。同时，这也告诉人们，大家好才是真的好，独乐乐不如众乐乐。

2. 合作双赢的基础：互惠互利，找到利益共同点

有这样一个故事，曾经在犹太人中广为流传。

一个母亲给两个孩子分了一个橙子，对于如何分配这个橙子，两个小孩争吵不已。最终他们达成了一个协议：由一个孩子负责切橙子，另一个孩子选橙子。这两个孩子依照商定的办法各自得到了一半的橙子，高高兴兴地拿着办各自的事情去了。

一个孩子回到自己的房间中，将半个橙子的皮剥掉扔进了垃圾桶，将果肉放到果汁机上榨果汁来喝。而另一个孩子回到房间中，将半个橙子的果肉挖出来扔进了垃圾桶，将橙子皮留下来磨碎了，混在面粉中做蛋糕吃。

可以看到，两个孩子虽然十分公平地拿到了一半橙子，获得了看似公平的分配，但是，他们各自得到的东西却没有能够物尽其用。这也说明，他们事先并未沟通好，也并未申明各自的利益所在，导致双方十分盲目地追求形式上与立场上的公平，结果导致各自的利益未达到最大化。

在社会生活中，很多“橙子”也是这样被“公平”地分配却被

消耗掉的，最终物不能尽其用，造成两败俱伤的局面。其主要原因是因为双方缺乏协商与沟通，其行动都是相互独立的，从而使双方失去了更多的共赢机会。

对于上述事例，如果两个孩子能够充分交流自身所需，或许会有更为科学的解决方案。最可能的一种情况，就是想办法将皮和果肉分开来，一个拿到果肉去榨果汁，另一个拿果皮去烤蛋糕。如此协商，互惠互利，便能够找到利益共同点，从而达到双赢。

战国时期，各诸侯国竞相纷争称霸，其中战国七雄中的韩、魏、赵三国实力也相对较为强大。其实，这三国并非一开始就是独立的，而是从一个强国——晋国中分裂出来的。当时，晋国由韩氏、赵氏、智氏等几个比较有势力的卿大夫霸占分割，他们当中最强盛的是智氏。

智氏想对晋国取而代之，既想削弱其他 3 家的力量，但又怕遭到其他 3 家的抵抗，于是便想了一个办法，他以国君的名义让其他 3 个国家各进贡土地 100 亩。如果 3 家进贡土地，那么，智氏便可以白白地得到 300 亩土地，同时还可以削弱它们的力量。如果谁不给的话，智氏就可以以国君的名义进行征讨，并趁势吞并这家的土地。

对智氏的阴谋，3 家都很清楚，但是又无法与其抵抗，于是韩氏、魏氏便乖乖地交出了 100 亩土地，但是赵氏却不肯进贡土地。这正好让智氏有了进攻赵氏的借口，并同时命令韩氏、魏氏也出兵相助，并约定攻灭赵氏之后，智、韩、魏 3 家平分赵氏的土地。

区区一个赵氏怎么能够敌得过其他 3 家的联合进攻？没过多久，便支持不住了。赵氏经过分析，决定以其人之道还治其人之身，赵氏便暗中派人向韩、魏两家游说：智氏想独大的野心大家都知道。如果赵氏被消灭，那么智氏下一个便会起兵韩氏，再下一个便是魏氏。如果赵、魏、韩 3 家联合起来消灭智氏，不但可以消除吞并的危险，还可以瓜分智氏的土地。韩氏、魏氏认同赵氏的观点，3家便达成了一致的协议。

3家约好了条件和时间之后，便对智氏发起了进攻。智氏对韩氏、魏氏没有防备，结果被打了个措手不及，最终3家盟军就将其杀害了。智氏一死，他的权力和地盘就被赵、魏、韩3家瓜分了。

韩、魏、赵3家就如同一根绳上的蚂蚱，各自都无法与智氏相抗衡，只能够相互竞争，希望其他两家能被智氏一家一点点地吞并，从而让自己苟延残喘。然而，最终被智氏打得气喘吁吁的赵氏找出了与韩、魏合作的利益基础，从而将力量合二为一，一举将智氏消灭，不但保全了自己，还扩展了自身的实力。

因此，在竞争中要从对方的利益出发，找到合作的基础，也就是本着双赢的态度，互惠互利，使博弈呈现出正和状态，才能使博弈双方向着积极与良好的方向发展。

3. 弱者如何选择最佳的合作伙伴

如果猎鹿博弈中的双方能够平均分配劳动成果，那么，合作无异是双方最佳的策略。但是，如果猎人A实力过于强大、能力强，而猎人B则实力弱小、贡献小，那么实力强的A势必会要求得到较大的一份。

我们假设，如果按照能力来分配合作成果，A和B猎鹿的得益为（14/6）。这个时候，虽然猎人B的收益不如猎人A，但是比他自己单独打兔子的收益还是得到了提高，合作猎鹿仍旧是他的最优策略。

我们可以用矩形收益图来表示。

A/B	猎人 A（抓兔）	猎人 A（打鹿）
猎人 B（抓兔）	(4/4)	(0/4)
猎人 B（打鹿）	(4/0)	(14/6)

而对于实力较弱的猎人 B 来说，如果单独去抓兔，那么，其将会有 4 天不饿肚子。如果与实力稍强的 A 合作，那么，将会有 6 天不饿肚子，其收益还是得到了提高。所以，B 最佳的策略还是与 A 合作去猎鹿。

这也说明，对于实力较弱者来说，要寻求与自身能力不相上下的人合作，最终分得的收益会多一些。

再比如，还依照能力来分配合作成果，A 和 B 猎鹿的得益为 (17/3)。这个时候，显然猎人 B 从合作中获得的收益还不如去单独打兔子，合作也就成了他的劣势策略。如此一来，双方显然无法达成合作，而只能各自打兔子。

我们可以用矩形收益图来表示。

A/B	猎人 A（抓兔）	猎人 A（打鹿）
猎人 B（抓兔）	(4/4)	(0/4)
猎人 B（打鹿）	(4/0)	(17/3)

对于 B 来说，要想形成合作，能力较差的猎人的所得至少要多于他独自打猎的收益，否则，他就没有合作的动力。为了能够改善双方的情况，就需要能力较强的猎人 A 具有全局眼光，将自己的一部分所得让给乙。这看上去似乎有点不公平，但是换来的合作对双方都有好处，是不言自明的。

以上的博弈结果表明，任何人要想取得一定的发展和成功，就一定要明白合作比竞争更为重要。但是，合作并非是儿戏，也不是合则来不合则散如此简单的事。所以，这就决定在选择合作方的时候一定要慎重，如果选择比自己强的合作者，虽然能够很快地达到自己的目的，但是强者会提出各种各样的苛刻条件来牵制自己，最终获得的收益会极少。

所以，对于弱者来说，在选择合作伙伴的时候一定要谨慎，要从最终的收益去判断其是否值得合作。

而对于强者来说，要想将蛋糕做大做强，必须要具有合作意识。而合作的前提便是在考虑自身利益的同时还要考虑对方的利益。

4. 弱者与强者的双赢局面：互惠互利、互相忍让

有一种叫作“牙签鸟”的小鸟经常与鳄鱼生活在一起，小鸟会经常钻进鳄鱼的口中，而鳄鱼也只是乖乖地张开嘴，并且没有任何反抗。

到后来，人们才发现，在鳄鱼的口中有许许多多的寄生虫，小鸟进入鳄鱼的口中也只是为了帮助其清洁口腔。依照达尔文的说法，弱肉强食是自然界的竞争法则，而小鸟则完全可以选择不去鳄鱼的嘴里吃寄生虫，而鳄鱼也可以完全等小鸟吃掉自己口中的虫子之后再选择将小鸟吃掉。但是，双方却选择了合作，并且还互惠互利，互不伤害。

对于鳄鱼来说，小鸟是弱者；对于小鸟来说，鳄鱼是强者。两者实力悬殊，却能够相互合作、相互依存，主要还是因为它们彼此之间有利益支持点。

在面对生存的时候，它们有 3 种选择：小鸟到鳄鱼的嘴里吃掉寄生虫，然后鳄鱼将小鸟吃掉。但是随着小鸟数量的减少，鳄鱼口中的寄生虫会越来越多，以至于到最后没有了小鸟，鳄鱼不得不受寄生虫的折磨；小鸟在别的地方去寻求食物，而不招惹鳄鱼，鳄鱼也只能任寄生虫在自己口中存在；小鸟和鳄鱼合作，小鸟将鳄鱼口中的寄生虫吃掉，鳄鱼不吃小鸟。对于第一种选择，如果鳄鱼将小

鸟吃掉了，自己嘴里的寄生虫是干净了，但是不排除之后还会复发的可能性。

第二种选择对于小鸟来说无疑是最好的，最优的对策也就是不合作，但鳄鱼却是不好的；而第三种选择，鳄鱼虽然少了小鸟作为食物，但口中的寄生虫却消失了，小鸟既获得了食物，也确保了自己的生命安全。所以，通过这样的分析，显然鳄鱼和小鸟会选择第三种方法。

小鸟和鳄鱼毕竟不是人，它们自然不懂得博弈，但它们却知道在不损害对方利益的基础上互相合作。小鸟和鳄鱼就是最典型的弱者和强者合作的例子。虽然在人们的意识中，小鸟是弱者，鳄鱼是强者，但事实却证明，鳄鱼如果没有小鸟是活不下去的。

弱者之所以想要与强者合作，是因为自己不具备某种能力或者需要在某些方面依靠强者，而这种选择是自己多种策略中最优的一种。当然，对于弱者来说，与强者合作就要妥协，学会牺牲自己一部分的利益去讨好对方。

自私、贪婪是人的本性，但是博弈论的诞生更说明：在许多博弈论的实验中，一个极度自私的人在博弈中往往只能是输家。所以，弱者在与强者合作的过程中，即便强者处于主导地位，也要在不损害对方利益的基础上达成合作的协议。

5. 通过收购来促成双赢局面

世界上每一次大的金融危机使得很多企业纷纷成为这场危机的牺牲品，即使没有倒下，也步履维艰。于是，就在这个时候出现了并购热潮，那些受挫的企业便不停地寻求买家以维持自己的基本生存，而那些实力强大的企业则处处寻求卖家以壮大自己的实力。无论从哪个角度来讲，双方都是为了自身的发展而寻求合作，以达到双赢的目的。所以，并购就是双方之间的一场博弈，一场关乎利益的博弈。

比如有两家企业A和B，其中A企业因为某些原因而经营不善，面临倒闭的危险；而B企业却是风生水起，正准备扩大自身的实力。为此，双方便达成了收购协议：B企业收购A企业。通过收购，A、B两家企业都将相互分享资金、品牌与市场等。收购之后，双方都获得了一定程度的发展。

首先，A企业拥有了B企业的品牌，就可以在极短的时间内打响自己的产品，进而被大众接受，以摆脱销量不佳的局面。

其次，A企业还拥有了B企业的市场，这样自己的产品就可以尽快占领其市场，从而提升自己的业绩。

但同时，A企业也要受到B企业的牵制，有些决策也不得不听从B企业的，在一定程度上也会对自己的发展受限。

而对于B企业来说也是有利有弊的。所谓的利就是B企业可以得到自己想要的东西，包括壮大自己的实力、占有A企业的股份、具有企业的决策权等。但收购就要面对A企业的烂摊子，如果没有足够的能力解决A企业面临的局面，可能就会将自己也拖垮。

但是，如果不收购，双方就会是另外一种局面：A企业由于其业绩的原因始终没有大发展，只能走一步是一步，但迟早有一天要面临倒闭的局面；B企业虽然有很大的发展，但也只是关注于自身的发展，没有足够的实力寻求更大的发展，这样很快就会被市场的更新换代淘汰，最后也不得不面临倒闭的困境。所以，如果双方各自发展，其生存的概率会大大减小。

权衡利弊，B企业收购A企业是保证双方都能发展的最佳方案，而双方不仅通过两者之间的合作获取对方已经取得的利益，也可以增大自己在其领域市场的生存概率，更有可能取得一定的市场占有率。所以，通过收购，双方达到了双赢的目的，从而有了更好的发展空间。而所谓的收购，实则是双方之间的一种合作。

在现实中，吉利收购沃尔沃便是一种双赢。

经历了几个月的猜测与等待之后，著名的豪华汽车品牌沃尔沃也确定了方向，由中国民营汽车企业吉利进行收购。

在外界看来，吉利花费 18 亿美元收购沃尔沃旗下 100％的股权，实则是很难消化的。因为相对于沃尔沃，吉利并不具备收购的能力。且不管吉利是否具备收购沃尔沃的实力，双方之间合作所产生的影响是巨大的。沃尔沃从吉利那里获取一些利益，吉利从沃尔沃那里同样也获取一些利益，这样就达到了双赢的目的。

首先，对于吉利来说，1999 年福特收购沃尔沃的时候是 64.5 亿美元，而 10 年之后，吉利仅用了 18 亿美元就得到了沃尔沃 100％的控股权，这也就意味着沃尔沃所有的东西都是吉利的，无论是其核心研发技术，还是一些专利，以及遍布全球的经销网络。沃尔沃的造车技术是处于世界最前沿的，其本身的汽车平台和核心技术也是不容忽视的。而吉利的收购，可以在沃尔沃的核心技术基础上再开发出新型的核心技术。而且在人员培训和管理经验方面，也会有很大的提高。

对于沃尔沃来说，是吉利救了它，如果吉利不出现，沃尔沃很可能会面临倒闭的风险。沃尔沃被吉利收购，首先看上的是吉利背后强大的中国汽车市场，而且纽约《金融时报》也表示未来世界的生产基地在中国；其次除去收购所用的 18 亿美元之外，吉利还有后续的十几亿美元的流动资金，这便带给沃尔沃一定的安慰；第三，双方达成协议的时候，吉利总裁李书福保证了“三不”原则，即生产、营销网络和质量都不会改变；第四，打动沃尔沃的是李书福的复兴计划，即先利用中国市场，先在中国市场站稳，再在全球范围进行营销。

所以，对于这种无法消化的收购，双方始终都是将利益放在第一位的。假使没有收购一说，沃尔沃面临的局面和吉利面临的局面虽说不一样，但在一定程度上都不能避免落后。

通过收购获取的双赢，实际上就是一种合作，双方都是为了自身的发展而实现双赢。在此收购的过程中，被收购方要有一定的妥协，而收购方也需要一定的强势。在全球化竞争的时代，只有双赢才是企业最重要的生存战略。为了自身的利益以及生存，博弈的双方必须学会如何共生共赢，把社会竞争变成一种双方都能得益的博弈。

6. 负和博弈、零和博弈和正和博弈

一对夫妻晚上回到家中，吃完饭之后会看电视。节目预报显示：一个频道会播放丈夫喜欢看的足球赛，而另一个频道则会播放妻子喜欢看的相亲节目。但是家中只有一台电视，这样，围绕着看什么节目，夫妻俩便开始了一场博弈。

对于此种条件的博弈，可能会出现以下 3 种情况：一是两人争执不下，于是便干脆关掉电视，谁都别看；二是丈夫看足球，妻子做其他的事情；或者是妻子看相亲节目，丈夫做其他的事情；三是其中一方说服另一方，两人同时看足球或者看相亲节目。

我们可以假设：如果丈夫和妻子分开活动，男女双方的收益或者效用都为 0；如果双方一起看足球赛，丈夫的收益为 5，而妻子的收益为 1；如果双方一起看相亲节目，妻子的收益为 5，丈夫的收益为 1。

那么，可以用博弈收益矩阵表示如下。

丈夫/妻子	妻子（看球赛）	妻子（看相亲节目）
丈夫看球赛	(5/1)	(0/0)
丈夫看相亲节目	(0/0)	(1/5)

以上的矩阵可以一目了然地将可能出现的3种情况表示出来。其3种情况其实代表了3种类型的博弈：负和博弈、零和博弈和正和博弈。

生活中，我们经常会遇到类似的事情，因为相互的冲突和矛盾，意见无法统一，不能够达成合作，参与的双方互不让步，最终使交际活动都不能够展开，结果是双方都从中受损，两败俱伤。就像上述事例中的第一种情况一般，夫妻双方互不让步，关掉电视，最终谁也看不成，在博弈论中，这种情况叫作“负和博弈”。

负和博弈主要是指双方冲突斗争的结果，其所得小于所失，参与者的收益和总和为负数，双方都有不同的损失，是一种两败俱伤的博弈。

上述案例中的第二种情况，即夫妻双方完全对抗、强烈竞争的对局，丈夫看足球，妻子就必须要干其他的事；相反，妻子看相亲节目，丈夫则要做其他的事情，这种状态称之为“零和博弈”，生活中，比如赌博、比赛等都属于“零和博弈”。

第三种情况，丈夫与妻子协商后互有让步，既随了丈夫的意，也让妻子感到高兴，双方都获得了一种满足，是一种双赢的局面。也就是说，在发生矛盾和冲突时，如果双方都能够从对方的利益出发，能够从良好的愿望出发，便能够使交际达到互惠互利的状态，达到了效益的最大化。不完全以自己的意志作为与他人交往的准则，而是取长补短、相互谅解，从而达成统一，达到双赢的效果，这便是博弈论中的正和博弈。猎鹿博弈便是正和博弈的一种，它告诉我们，有效的合作可以促成双赢，是最圆满的博弈结果。

负和博弈、零和博弈和正和博弈都是博弈论的 3 种类型，是按照矛盾冲突的结果，即博弈的结果来划分的。零和博弈、负和博弈是我们在现实生活中要尽量避免的。而正和博弈则是生活中人们积极倡导的，也是人人向往的。

7. 避免走入“你不让我好，我也不让你好过”的负和博弈困境

19 世纪，美国有一位著名的建筑大王叫凯迪，还有一位有“飞机大王”之称的克拉奇，两个人是很要好的朋友。

刚好凯迪有一个女儿，而克拉奇有一个儿子，因为两家的关系很紧密，所以，两人就打算撮合他们的儿女成婚。但是，这两个年轻人走到一起后，关系维护得并不顺利，吵架打闹是经常的事情。因为两家都是名流巨富，对于儿女们的这种关系，让凯迪和克拉奇大伤脑筋。

但是，令所有人没想到的是，事态变得严重起来，凯迪的女儿竟然被人毒害，而据警方详细调查后，杀人凶手正是克拉奇的儿子。为此，克拉奇的儿子被关进大牢中，两家人的身心因此也受到沉重的打击。

从此以后，两家的关系就变得极为紧张，他们的生活也变得暗无天日。令凯迪一家较为恼火的是，克拉奇的儿子在事实面前却从来不承认是自己杀害了凯迪的女儿，而克拉奇也极力地为洗脱儿子的罪行拼命奔走上诉。如此一来，两家便结下了深仇大恨，两家人也开始进行明争暗斗的较量，双方也都损失惨重。

一年以后，法院做出终审，克拉奇的儿子也因谋杀罪而被判终

身监禁。克拉奇为了不让自己的儿子一辈子都待在监狱中，为了洗脱儿子的罪行，又千方百计、拐弯抹角地不惜重金为凯迪一家做经济补偿，以求得凯迪能到监狱去为儿子说情。克拉奇每一次的经济补偿都是巧妙地出现在生意场上，这也使凯迪不得不被动接受。

但是，每当凯迪拿到克拉奇家族的一笔补偿金的时候，就像是接过一把刀刺自己的心那样悲痛难忍，凯迪也不停地埋怨自己当初怎么就看错了人。而克拉奇的全家也是天天都生活在自责之中，他们怨恨自己怎么没能教育好自己的儿子，埋怨自己不该为了自己的利益而撮合儿子的婚事。

两家都是美国企业界中的上层人物，没想到生活却会如此地捉弄他们，让他们的内心得不到安生。就这样一年又一年过去了，两家人的心情总是被巨大的阴影所笼罩，凯迪与克拉奇从来没有真正地笑过。他们承认，他们为此所付出的心理代价是用多少金钱也换不回来的。

然而，就在他们苦苦承受了20多年的痛苦后，最终的事实却证明，凯迪女儿的死并不涉及善恶情仇。事情在当时的美国社会引起了巨大的轰动，面对媒体的采访，凯迪与克拉奇都说了同样的话："20多年来，我们所受的心灵上的折磨是我们永远支付不起的！"

双方都带着仇恨去想方设法"报复"对方，最终不仅使经济惨遭损失，也使心理造成了巨大的伤害，这便是"负和博弈"。而如果凯迪和克拉奇两家都能够放下仇恨，相互理解对方，就算不合作，也不至于落得如此悲惨的结局。

其实，生活中，我们经常会听到类似"你不让我好过，我也不会让你好过"、"这东西我得不到，谁也别想得到"的狠话。如果每个人都持有这样的想法，最终的结果便是两败俱伤。"你不让我好过，我也不会让你好过"的心态对参与博弈的双方都是极为不利的。

如果一方想吞并另一方的利益，必然会遭到对方的强烈反抗，双方利用各自的权力和资源大打出手，其结果是双方都鼻青脸肿，不但没有达成自己的目标并实现自身的既得利益，而且还会赔进去不少，最终谁也没捞到一分好处。

日常生活中，人们经常会因为一件小事而发生争执，而此时如果谁也不愿意各退一步达成共识，必定会有一场“战争”发生。尤其是在交际活动中，这样的“战争”不但会伤了元气，也会堵塞双方携手共进的前景。如果不使性负气，而是互相谅解，在与人交往或工作时采取合作态度，便能够使矛盾冲突的交际活动向更好的方向发展，从而避免“负和博弈”的出现。

第十章

警察与小偷博弈：

猜猜猜与变变变

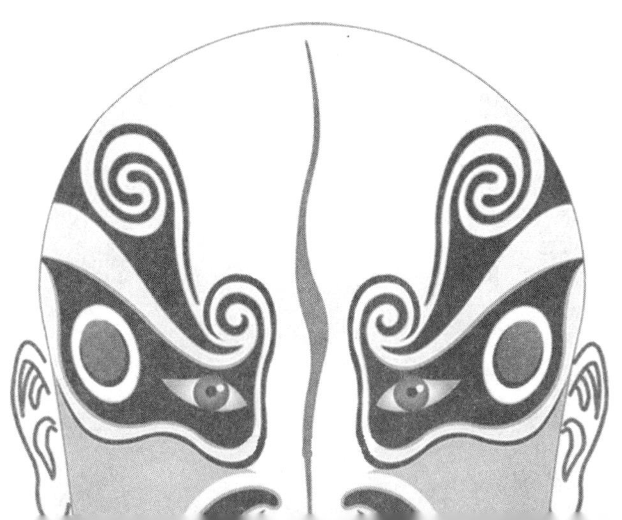

1. 警察与小偷博弈：去酒吧还是去银行的两难选择

某一个小镇上只有一名警察负责全镇的治安。现在我们假定，小镇的一头有一家酒馆，另一头有一家银行。再假设该地只有一个小偷，因为分身乏术，警察一次只能够在一个地方巡逻；而小偷也只能去一个地方。

如果警察选择了小偷偷盗的地方巡逻，就能将小偷抓获；而如果小偷选择了没有警察巡逻的地方去偷盗，就能够偷窃成功。假定银行需要保护的财产价格为两万元，而酒馆的财产价格为 1 万元，警察应如何巡逻才能使效果最好？

第一种，警察最容易采用的方式主要为，警察对银行巡逻。如此，警察便可以保住两万元的财产不被偷窃。但是假如小偷去了酒馆，偷窃一定会成功。这种做法是警察的最好做法吗？答案是否定的，因为我们完全可以通过博弈论的知识对这种策略加以改进。

其实，警察最好的策略便是：抽签决定去银行还是酒馆。因为银行的价值是酒馆的两倍，所以用两个签代表，比如抽到 1、2 号签去银行，抽到 3 号签去酒馆。这样警察便有 2/3 的机会去银行进行巡逻，1/3 的机会去酒馆。

而在这种情况下，小偷的最优策略是：以同样抽签的办法决定去银行还是去酒馆偷盗，与警察不同的是抽到 1、2 号签去酒馆，抽到 3 号签去银行。这样小偷有 1/3 的机会去银行，2/3 的机会去酒馆。

警察与小偷之间的博弈为我们提供了混合策略思路。何谓混合策略？

在完全信息博弈中，如果在每个给定的信息之下只能选择一种特定的策略，这个策略为纯策略。而如果在每个给定信息下只能以某种概率选择不同策略，这称为混合策略。也就是说，在完全信息博弈中，每个博弈参与者，其选择是依照概率来选择的，而非是一个固定的选择策略。就像“石头、剪刀、布”的游戏。在这样的一个游戏中，对于每一个小孩来说，出“石头”、“剪子”还是“布”的策略应当是随机的，而不是固定的。但是有一个前提就是不能让对方知道自己的策略，甚至是策略的倾向性，一旦对方知道了自己出某个策略的可能性增大，那么，其在游戏中输的可能性就增大了。

还有一种常见的混合策略样板便是猜硬币游戏。比如在足球比赛开场，裁判将手中的硬币抛掷到空中，让双方队长猜硬币落下后，朝上的是正面还是反面。因为硬币落下后朝上的正反面都是随机的，概率都为1/2。那么，猜硬币游戏的参与者选择正反的概率都是1/2，这时博弈达到混合策略纳什均衡点。

这一类博弈与囚徒困境博弈案例有一个很大的差别，就是没有纯策略纳什均衡点，只有混合策略均衡点。这个均衡点下的策略选择是每个参与者的最优（混合）策略选择。对混合策略的传统解释是，局中人应用一种随机方法来决定所选择的策略。

从警察和小偷的不同角度计算最佳混合策略，会得到一个有趣的共同点：同样的成功概率。也就是说，警察若采用自己的最佳混合策略，就能够把小偷的成功概率（5/9，收益为$2\times1/9+1\times4/9=6/9$）拉到他采用自己的最佳混合策略所能达到的成功概率（4/9，收益为$2\times2/9+1\times2/9=6/9$）。

这并非巧合，而是两个选手的利益严格对立的所有博弈的一个共同点。这个结果称为“最小最大定理”，由数学家约翰·冯·诺伊曼（John Von Neumann）创立。这一定理指出，在两人零和博弈中，参与者的利益严格相反（一人所得等于另一人所失），每个参与者尽量使对手的最大收益最小化，而他的对手则努力使自己的最小收益最大化。他们这样做的时候，会出现一个令人惊讶的结果，即最大收益的最小值（最小最大收益）等于最小收益的最大值（最大最小收益）。双方都没办法改善自己的收益，因此这些策略形成这个博弈的一个均衡。最小最大定理的证明相当复杂，不过，其结论却很实用。假如你想知道的只不过是一个选手之得或者另一个选手之失，你只要计算其中一个选手的最佳混合策略并得出结果就行了。

所有混合策略的均衡具有一个共同点：每个参与者并不在意自己的任何具体策略。一旦有必要采取混合策略，找出你自己的策略方法，就是让对手觉得他们的任何策略对你的下一步都没有影响。

这听上去像是朝向混沌无为的一种倒推，其实不然，因为它正好符合零和博弈的随机化动机：一方面要发现对手任何有规则的行为，并相应采取行动。假如他们确实倾向于采取某一种特别的行动，这只能表示他们选择了最糟糕的策略。反过来，也要避免一切会被对方占便宜的模式，坚持自己的最佳混合策略。

因此，采取混合或者随机策略并不等同于毫无策略地“瞎出”，这里面仍然有很强的策略性。其基本要点在于，运用偶然性防止别人发现你的有规则行为并占你的便宜。

2. 给管理者的建议：随机抽查具有强大的“威慑力”

在中国古代传统的政治斗争中，有所谓“君臣一日而百战”的说法，来形容国君与大臣之间博弈的激烈程度。因为激烈，所以，其层出不穷的招式给博弈论的研究提供了极为丰富的案例。

《吕氏春秋》中记载了这样一个故事。

战国时期，宋康王非常荒唐，每天都喝酒，性情也异常暴虐。为此，大臣都经常来劝诫他。但是，宋康王却不领情，凡是群臣中有来劝谏的，都会找理由撤职或者关押起来。臣下因此对他也极为反感，经常非议他。

为此，他十分苦恼地对宰相唐鞅说：“我处罚的人那么多，但是大臣们至今还没有一个畏惧我的，这是什么原因呢?”唐鞅说：“您所治罪的都是一些犯了法的人。惩罚他们，没有犯法的好人当然不会害怕。如果您要让您的臣子们害怕，就必须不区分好人坏人，也不管他犯法没犯法，随便抓住就治罪。这样的话，大臣们就知道害怕了。”

宋康王也是个聪明人，听了这个主意以后恍然大悟，深深地点了点头。不久，他就下令把唐鞅杀了，大臣们果然十分害怕，每天上朝时都战战兢兢，不敢多说一句话。

唐鞅提出的这个建议虽然最终害了自己，但却不能不说是深刻地把握住了混合策略博弈的精髓之处。能够预测的惩罚，大臣总会想方设法地加以规避，而无法预测的惩罚却是防不胜防的，因而也是更令人心惊胆战的。

无法预测的惩罚经常被广泛地应用于生活之中，比如随机抽查行为为监管方的一种随机策略，能够以较低的监管成本促使人们遵守规则，起到了极为积极的作用。

在一线大城市，一些违章车辆的罚金是停车场收费的很多倍，多数地方停车场的收费标准是20元，那么，依照违停一次30元的标准进行处罚，能否对司机起到强大的震慑作用呢？

当然可以！

当然，这个可行性的前提条件便是交警必须在司机每次违停的时候能够抓到他们。如果违停两次就能被抓到，那么，违停便是司机的最佳策略。很显然，这种监管方式虽然严格，但是成本太过高昂，即使将大城市的交警增加几倍也是不够用的。

在这种情况下，抽查便成了一个同样管用的策略，前提便是要提高罚金的数额，使其增加到每次300元。哪怕20次违停只有1次被逮到，已经足够使司机乖乖地将车开到停车场了。这样，既能用现有数量的交警去完成这项工作，同时又能够达到使多数司机不敢违停的目的。

交警选择这样一种随机策略，比任何有规则的行动都更为有理性，更能起到有效的监管目的。而且，他们还可以在违章现象异常增加的时候通过调整巡查的频率来改变和提高获违停的概率，从而遏制这种现象的增加。此策略成功的关键就在于监管者的行动让违规者无法预测。

同样地，在现实生活中，很多管理机制都采取随机抽查的策略。比如，在一些中小型企业，对违反工作制度的员工进行监督，便采用随机抽取的策略，是完全现实并且能够形成有效的监管的。然而，要想让抽查监管制度成为有效的监管机制，就必须提高处罚的力度，也就是说，对违反行为的惩罚不仅要与其过失相称，而且要与抽查被抓住的概率结合在一起，因为被抓住的概率极低，所以要处以比必然被抓住造成的过失更多的惩罚。这样才能形成强大的威慑力，形成有效的监管机制。

3. 解除与女友约会的尴尬：如何才能减少误会的发生

在警察与小偷的博弈之中，双方采取混合策略的目的是为了战胜对方，是一种对立者之间的斗智斗勇的游戏。实际上，即便在双方打算合作的时候，也会出现混合策略博弈。这在生活中极为常见，恋人之间就经常出现此类的事情。

李明和周兰是一对恋人，有一天，周兰用学校里的公用电话给李明打了个电话，说10分钟后要见他。但是不巧，两人尚未说到见面的具体地点，电话便突然断掉了。这个时候，该怎么办？假如李明马上再给周兰打过去，那么，周兰就应该留在电话机旁边（而且不要给李明打电话），以将电话线路空出来。但是，假如周兰等待李明再给自己打电话，李明也在等待，那么，他们将永远没有机会知道究竟要到哪里去约会。

其实，对于李明和周兰来说，一方的最佳策略主要取决于另一方会采取什么样的行动。这里有两个均衡：一个是李明打电话而周兰等在一边，另一个则是周兰打电话而李明等在一边。

这两个人需要进行一次谈话，以帮助他们确定彼此一致的策略，也就是说，他们应该选择哪一个均衡以达成共识。一个极佳的解决方案便是，原来打电话的一方再次打电话，而原来接电话的一方则继续等待电话铃响。这么做的好处便是原来打电话的一方知道另一方的电话号码，反过来却未必是这个样子。

另一种可能性是，假如一方使用的电话卡通话价格比较低廉，而另一方则没有这样的优越条件（比如李明的是包月套餐，而周兰用的是计时收费的电话），那么，解决的方案便是由李明负责第二次打电话。

但是，在更多的情况下，双方并没有事先做好上面的约定或者沟通，那就只有自己决定是否应该给对方打电话，以免造成不必要的误会。那么，这种随机行动的组合便成为第三个均衡：假如李明给周兰打电话，那么便有50％的概率可以打通，这时，恰巧周兰也在等对方打电话，还有50％的概率发现电话占线，这时周兰也在给李明打电话；假如周兰给李明打电话，那么，李明也会有50％的概率接到周兰的电话，便是恰巧李明在等她的电话；还有50％的概率接不到对方的电话，周兰也在等对方的电话。

在这样的事例中，选择怎样的协定并不重要，只要大家同意遵守同一协定便可以有效地消除双方的误会。比如，两人一起交往的时候，如果一般是李明付出或者为周兰考虑得多一些，那么，对于周兰来说，最佳的策略便是在电话旁等待李明打电话过来。反之，如果周兰更为主动些或者付出得多些，周兰则应该给李明打过去，李明只需耐心等候，如此便可以有效地减少误会的发生。

在生活中，夫妻和恋人之间便经常进行这种博弈。其实，当夫妻或者恋人在相互间发生类似的矛盾的时候，就应该根据两人所共知的特征采取有效的策略。比如，小林和小梅是一对恋人。有一天，小梅接到小林的电话，说半个小时后要见面，但是不巧的是，小林尚未说清楚，小梅的电话就因为没电而断线了。对于小林来说，校园中的任何一个地方，比如图书馆、餐厅、自习室或者校园中的小草坪边，只要两个人来到同一个地点，小林便能讨得小梅的欢心，否则，小林就要回家迎接小梅的“闪电雷鸣”。

我们引入一种矩阵式的对两人博弈的描述方法，见下图。

小林/小梅	图书馆	自习室	小树林
图书馆	皆大欢喜	约会失败	约会失败
自习室	约会失败	皆大欢喜	约会失败
小树林	约会失败	约会失败	皆大欢喜

这其实是一个典型的协同博弈，其中有多个纳什均衡，那么，对于小林和小梅来说，如何选择，才能减少误会的发生概率呢？

那就要彼此间根据两人所共知的博弈信息进行考虑：如果今天是他们定情的纪念日，彼此最好的选择则是到小树林中；如果当时自习室正是人满为患的时候，那么，两人最好都选择到图书馆中；如果当时正是图书馆中人满为患的时候，那么，两人知道自习室是不错的选择。

在众多的纳什均衡中实际更可能发生的均衡被称为聚点。这个博弈也说明，他们指出，文化、宗教、社会规范与历史传统等因素都可以作为双方进行判断的主要信息。其实，博弈分析目不暇接主要是为了预测均衡，而均衡的多重性使博弈分析的价值大打折扣，而博弈参与者则完全可以根据双方共享的信息做出有效的判断，以避免误会的发生。

4. 乱拳打伤老师傅：利用“常规之乱”制胜于人

一位学艺很久的拳师学成归来，无限荣光。但是有一天，他与老婆发生了争执，老婆跃跃欲试，拳师心想我学武已成，难道还怕你不成？没承想尚未摆成姿势，老婆便已经张牙舞爪地冲上来，三下五除二，竟然将他打得鼻青脸肿，丝毫无法动弹。

事后，别人都问他说：“你学艺那么多年，武艺超群，为何还败在老婆手下呢？”

拳师说："她不按招式出拳，我怎么是她的对手？如何招架得了她啊！"

这便是"乱拳打伤老师傅"的由来。拳师的吃亏，一方面可能是因为学艺不精，但从博弈论的观点来分析，便给我们这样的启示：一切没有章法，连老师傅都无法招架！依照博弈论的观点去分析，这里的"乱拳"，可以看作是随机混合策略的一种形象的叫法。

"乱拳打伤老师傅"虽然是流传于民间的一句戏言，虽然说的是武界的事情，却反映出现实生活中的许多事情。生活中，我们也许会发现，那些不爱按常理出牌、乱中取胜、歪打正着的事情都是"乱拳打伤老师傅"的映射。从社会进化与演绎的角度来看，它代表了人类的生存之道与演变之态，只有依靠"常规之乱"与"推陈出新"才能够制胜于人。

生活中，我们常玩的"石头、剪子、布"的游戏便是类似的状况。两个人在一起玩这个游戏，如何才能保证自己不被对手赢呢？

有的人回答是"瞎出"。这话其实只说对了一半，从博弈论的角度来看，"瞎出"也存在着一种均衡模式，必须加以计算，再做出最佳的策略。

因为整个局是对称的，参与游戏的双方，以至于甲、乙两个选手的均衡混合策略也应该都是1/3。我们来验证一下：假如甲出"石头、剪子、布"的机会是1/3，那么，乙无论选择出石头、剪子还是布，都无法战胜对手。

我们可以用矩形收益表格来表示如下。

甲	乙		
	石头	剪子	布
石头	(0，0)	(1，−1)	(−1，1)
剪子	(−1，1)	(0，0)	(1，−1)
布	(1，−1)	(−1，1)	(0，0)

这一解决方案便是混合策略均衡，它反映了个人随机混合自己的策略的必要性。

在警察与小偷的博弈中，警察系统地偏向银行，就是一种合理而且容易理解的改善方法。但是同时，警察必须打乱自己的巡逻顺序，让小偷永远处于猜测之中，没有办法获得准确预测的优势。如此这样，他才能够降低小偷赢的概率。

从警察和小偷的不同角度计算最佳混合策略，会得到一个有趣的共同点：两次计算会得到同样的成功概率。也就是说，警察若采用自己的最佳混合策略，就能将小偷的成功概率降到他们采用自己的最佳混合策略所达到的一个共同点。

所有混合策略的均衡只有一个共同点：每个参与者并不在意自己在均衡点的任何具体策略。一旦有必要采取混合策略，找出你自己的均衡混合策略的途径，就是让对手觉得他们的任何策略对你的下一步没有任何影响。

听上去，这像是朝向混沌无为的一种倒推，其实不然，因为它正好符合零和博弈的随机化动机：一方面要发现对手有规则的行为，并相应采取行动；反过来，也要避免一切会被对方占便宜的模式，坚持自己的最佳混合策略。

因此，采取混合或者随机策略，并不等同于毫无策略地“瞎出”，这里面仍然有很强的策略必要性。其基本要点在于：运用偶然性防止别人利用你的有规律的行为占你的便宜。

5. 最有效的管理方法：不可预测最可怕

1921年，粤桂大战，桂系失败，李宗仁的部队接受了陈炯明的收编。

李宗仁率领的桂军，当晚便在横县百合圩宿营。白天尸陈路旁的情景还在李宗仁脑子里久久地无法退去。他让司号员吹起紧急集合号，待部队集合完毕之后，他便在部队面前大声地训话，号召军队一定要遵纪守法，爱护百姓，尤其强调以下两点：本军宿营，不准抢占民房；本军与商民打交道，一定要买卖公平，严禁强买强卖。最终，他反复强调："谁要违反，便依军法严惩！"

第二天，在百合隅的大街上，检查队发现本军的一名士兵与一个白发苍苍的老太婆发生了争执和纠缠，检查队便上前盘问事情的缘由。原来这位老太太有一个裹着衣服的包袱不见了。她在寻找这个包袱的时候，正好遇到这位士兵也提着一个同样的包袱，老太太便拦住这位士兵，说包袱是她的，两个人便发生了争执。巡逻的检查人员开始进行排解，老太太硬是不让士兵走，说她的包袱内裹有什么样的衣服，要这位士兵打开包袱检查。检查人员在排解无效时，使命令这位士兵将包袱打开，其中果然有便衣一套，虽是旧衣，尚很整洁。检查人员问老太婆："此衣物是你的吗?"老太婆望着眼前的情景，不知为什么，半天不说一句话，最后也是吞吞吐吐，不愿直说。检查人员因其不能认定，遂没有把这个包袱交给老太太，而将这个有偷窃嫌疑的士兵拘到司令部来了。检查队将这一情况马上报告了李宗仁。

那个士兵开始以为只是小事一桩，听李宗仁要重办他，十分惊慌，"扑通"一声跪在地上，哭泣着哀求："长官，我错了，我认错。”

李宗仁板着脸孔说：“你可以认错，也欢迎你认错，但是为了严肃部队纪律，我必须要重办你！”这最后一句话犹如板上钉钉子，铿锵有力。

那个士兵看到李宗仁的表情和说话的严肃劲儿，知道不妙，心情越来越紧张，不得已打出最后一张牌：“长官，我是临桂县两江圩的小同乡，请你从宽发落……”

李宗仁决心已定，便命司号兵吹紧急集合号。瞬息之间，全军两千多人已在圩前指定的地方集合完毕。部队整整齐齐地排列成一个四方阵，阵中间置一方桌。李宗仁站在桌子上向部队训话：“诸位，我军是一个具有光荣传统的部队，曾参加过护国、护法等诸多战役，战绩辉煌，功在民国。今日行军至此，愧未能保国保民，反而骚扰百姓，殊为我军人之羞耻。现在我眼前这个士兵，他违反纪律，偷窃民财，人证物证俱在，然而他以为是本司令的小同乡，冀图幸免。这实属罪无可赦，当按军法论处，就地枪决。”

语毕，李宗仁遂命令将那个违纪士兵就地枪决。

随着一声枪响，那个士兵倒地，全军上下和四面围观的民众无不暗自咋舌，当地的老百姓很快就把这件事情传播开了。民众都一致赞叹李宗仁治军有方，纪律严明，军令如山。民众说：“像这样的军队为历年过往军队所未见。”

经过李宗仁这番整顿以后，无论是行军还是打仗，全军上下均能做到令行禁止、秋毫无犯。这支军队所到之处，军民都彼此相安无事，起到了极好的效果。

李宗仁运用杀一儆百的方法治理军队，可谓十分有效。其主要原因就在于他十分深刻地掌握了混合策略的精髓。对于士兵们来说，如果违反纪律，一定会相安无事，也有可能不会被发现，也有可能被发现，一旦被发现，则有可能受到严惩，即丢了性命。但是对于这种无法预测的探察，他们是防不胜防的。所以，对于士兵们来说，要想保命，最好的策略便是老老实实遵纪守法。这便使李宗仁的管理得到了有效的治理。

策略的随机性，是博弈论早期提出的一个深谋远虑的观点。

众所周知，一些国家的军队每年都需要源源不断地征召新的青年入伍，如果普通百姓大规模地违反征兵法，因为法不责众，对于违法者进行处罚就成了不可能的任务。如此一来，采用什么样的方法去激励法定年龄的青少年去登记，将之征召入伍，就成了一个急需要博弈智慧的工作。

不过，政府掌控着一个十分有利的条件：规矩是由它所制定的。我们可以设想，政府是完全有权力去惩罚一个没有登记的人，那么，它如何才能利用这样的一种手段促使大家都去登记呢？

政府完全可以宣布它会依照一个村落村民的住址序号对违法者给予追究。所以，在一个村落中，如果第一家人知道，假如他不去登记就会受到惩罚，而惩罚的严厉手段已足以使他乖乖地去登记。接下来，第二家人则会认为，既然第一家都去登记了，如果自己反抗，就必然会受到惩罚，惩罚的必然性已经足以使他乖乖地去登记。接下来，第三家则也会认为，既然前两家都去登记了，惩罚必然会落到自己的身上。这么依次地分析下去，整个村落的其他住户都会乖乖就范。

可是，问题就在于人数是如此众多，政府可能等不到后面的人家，一定会发现有人没有登记，并且进行惩罚，于是后面的人则不必担心被追究了。在人数颇多的情况下，可以预计到会有一个极小数目的人群出差错。如果一场博弈的参与者按照某种顺序排列，通常有可能预计到排在首位的人会怎么做。这一信息势必会影响到下一个人的行为，进而再影响到第三个人、第四个人，如此沿着整个行列一直影响到最后一个人。

真正有效的激励机制是禁止预先宣制任何顺序，而采取随机抽取的策略。而其关键点就在于可以实施惩罚的数目，完全不必接近需要激励的人群的数目。所谓的杀一儆百，即惩罚1000名违法者，可以对数以百万计可能违法的人群产生阻吓作用。对于政府来说，要达到最好的成效，其最佳的策略便是不事先声明依照一定的顺序去对违法者进行追究，而是采取随机抽查的策略，对那些不登记者给予重度的惩罚，即让所有人都无法预测，最终反而能起到十分明显的效果。

6. 命运是算不出来的，运气也不是靠天上掉馅儿饼

警察和小偷的博弈说明，要想制胜于人，一定要事先将治人的每一个环节都考虑周到，不让对手发现任何真实的规律。否则，你想赢别人的时候，往往也正是你弱点暴露得最为明显的时候。

《清稗类钞》中记载了这样一个小故事。

清代的文学家龚自珍嗜赌如命，很是喜欢押宝赌博。他在自己的蚊帐顶部写满了“一、二、三、四”等数字，没事的时候，他便仰卧在床上，仔细地研究蚊帐顶上不同数字的消长之机。如此这样，他逢人便自称自己是“神算”，可以预测赌场上骰子的点数，自夸自己多么精于赌场上的窍门，并且还说得有声有色，十猜九中。

然而，他每次被请到赌场上指教别人，都必输无疑。有的朋友取笑他说：“你自夸自己赌技精湛，但为何却屡赌屡输呢？”

龚自珍表情十分凄惨地回答说：“有的人才华可堪比司马迁、班固，学识可与郑玄、孔颖达并驾齐驱，但是却屡屡在科考中失利，

这实在是因为天上的魁星不照应他；而我精于赌术，却屡博屡输，大概是因为财神不照应我吧。”

难道真的如龚自珍所说的得不到财神的照应，他才落得赌场失意吗？实际上，这种带有宿命论色彩的解释不过是一种对命运的无奈的敷衍罢了。

为何如此说呢？因为很多时候，押宝就如掷硬币一般，是没有什么倾向性的规律可循的，在这样的情况下，就算财神爷再照应，也没有办法去改变概率对事物的影响。

甲和乙两人进行一场“扔硬币”的赌博游戏。游戏开始时，甲说：“我向空中扔 3 枚硬币。如果落地后它们 3 枚硬币全都是正面朝上，就算你赢，我就给你 10 分。如果它们全是反面朝上，仍算你赢，我也给你 10 分。但是，如果落地时是其他情况，那就算我赢，你就得给我 5 分。”

乙：“我先想想：每次，必定有两枚硬币的情况是相同的，因为如果有两枚硬币情况不同，那么第三枚就一定会与这两枚硬币之一情况相同。而如果两枚情况相同，则第三枚不是与这两枚情况相同，就是与它们情况不同。第三枚与其他两枚情况相同或不同的可能性是一样的。因此，3 枚硬币的情况完全相同或不完全相同的可能性是一样的。但是甲是以 10 分对我的 5 分来赌它们的不完全相同，这分明对我有利。好吧，我打这个赌！”

很多人都会认为乙这样的想法是正确的。其实，他的上述推理完全是错误的。

为了能够知道 3 枚硬币落地时情况完全一样或者不完全一样的概率，当然我们还必须要列出 3 枚硬币落地时的一切可能性。简单地说，一共有 8 种情况，而只有两种情况是 3 枚硬币完全相同。这就意味着 3 枚硬币情况完全相同的可能性是 1/4，3 枚硬币落地的时候情况也不完全相同的式样有 6 种，所以他的可能性只是 3/4。

换句话说，甲的想法是从长远的观点来看的，每当他扔 4 次硬币的时候就会赢 3 次。他赢的 3 次，乙总共要付给他 15 分。乙赢的那一次，他付给乙 10 分。这样每扔 4 次硬币，甲就获利 5 分。假如他们反复打这个赌的话，那么甲就有相当可观的赢利。

通过概率分析表明，赌博并不完全是靠运气，我们平时所谓的“运气”并不是“天意”或者是神的照应，而是概率作用的结果。

在掷硬币的游戏中，心理学家发现这样一个事实，即投掷硬币翻出正面之后再投掷一次，这个时候翻出正面的可能性与翻出反面的可能性是完全相等的。如此一来，他们连续猜测的时候，就会不停地从正面跳到反面，或者从反面跳到正面，极少出现将宝都押在完全是正面或者反面的情况上了。

在很多情况下，人们往往因为前面已经有了大量的未中奖人群，就去购买彩票或者参与累计回报的游戏。殊不知，每个人的“运气”都是独立于他们的“运气”的，并非是因为前人没有中奖，你就多了中奖的机会。大奖就像没有出世的孩子一般，在诞生之前，没人能够确切地知道它的性别。

假如我们抛 10 次硬币，没有一次抛出正面，下一次抛出正面的可能性就大于上次吗？抛硬币出现正反的决定因素有很多，包括硬币的质地和你的手劲儿。第 11 次投掷硬币翻出正面的机会还是跟翻出反面的机会几乎相等，根本没有“反面已经翻完”这一回事。

这个事实告诉我们，受概率控制的结果事件的单个行为都是不可预测的，我们在作决策的时候，与其让主观去干扰我们的决策，不如采取纯粹的随机方式，这样更能够获得良好的效果。就像警察抓小偷一样，警察要制伏小偷，必须采取随机方式决定去银行还是去酒吧。

其实，中国古代的西周游牧人就意识到了这一点。这些依靠狩猎为生的人们每天都面对一个难题：选择向哪个方向进发才能够狩到更多的猎物?

他们寻找答案的方法很是特别，其方法类似于中国古代的烧龟甲占卜：将一块鹿骨放在火上炙烤，直到骨头出现裂痕，然后请部落的“专家”来破解这些裂痕中所包含的信息，裂痕的走向就是他们当天寻找猎物应该去的方向。令人极为惊讶的是，这种完全是巫术的决策方法竟然使他们经常能够找到更多的猎物，所以这个习俗便在部落之中沿袭了下来。

这个事实说明，很多时候，我们主观地预测，倒不如随机决策更能得到好的成效。这种方法的厉害之处就在于让对手无法预测，让对手捉摸不透，所以很容易出奇制胜。要知道，在混合之中做出最佳最稳健的决策是我们学习博弈的主要目标，我们要稳健地制伏对手，最主要的是要摸透对方的心思或者真实意图，同时，还必须要考虑到你的对手也无时无刻不在猜测你的心理活动或者心理规律，以便有的放矢地战胜你。总之，要想取胜，不应完全迷信所谓的“命运安排”、天意、运气等，而应该将赢的每一个环节都考虑周到，不能让对手发现任何真实的规律。否则，想赢别人的时候，往往也正是你的弱点暴露得最明显的时候，如果在做事之前没有真正考虑你的对手就仓促出手，对方就可能乘机抓住你的弱点。当然，我们可以利用“反间计”，利用错误信息去迷惑对手，让对手乖乖就范。

7. 规律之中“隐藏”的陷阱，别被“虚张声势”所欺骗

公元前341年，孙膑带领齐国军队去攻打魏国，这时魏国军师庞涓正在带兵攻打韩国。庞涓收到本国的告急文书，只好退兵赶回

去。这时，齐国的兵马已经进入魏国了。

当魏国军队返回抵抗齐军时，却发现齐军已经撤退了。庞涓察看了一下齐军扎过营的地方，为了了解齐军的兵力人数，他让人数了数做饭的炉灶，足够10万人吃饭用的，庞涓吓得说不出话来。

庞涓继续带兵追赶齐军，当他赶到齐军第二个扎营的地方，数了数炉灶，只有能够供5万人用的了。就这样，每追到一处齐军的营寨，庞涓都要数数炉灶的数量。第三天，他们追到齐国军队第三回扎营的地方，仔细数了数炉灶，只剩两万人用的了。

庞涓这下放心了，他笑着说："我早知道齐军都是胆小鬼。10万大军到了魏国，才3天工夫，就逃散了一大半。"他吩咐魏军没日没夜地按着齐国军队走过的路线追上去，一直追到马陵。

天色逐渐地黑了下来，庞涓吩咐大军摸黑往前赶去。忽然前面的兵士回来报告说：前面的路已被人用木头堵住了。庞涓上前一看，只见路旁的树木全被砍倒了，只留下一棵最大的没砍，隐约地看去，那棵树的一面还刮去了树皮，上面影影绰绰还写着几个大字。

为了看清楚树上的字，庞涓叫兵士拿来火把。有几个兵士点起火把，趁着火光看见了树上写的字："庞涓死于此树下。"

就在这时，不知道有多少支箭，像飞蝗似的冲魏军射来。一时间杀声震天，到处都是齐国的兵士。原来这是孙膑设下的计策，他故意天天减少炉灶的数目，引诱庞涓追上来。而且预先在这里埋伏着一批弓箭手，吩咐手下以火光为号，见到有人点起火把就一齐放箭。庞涓最终败在了孙膑的手下。

孙膑能够赢得对手，主要是采用了故意制造虚假信息，达到迷惑对手的战略方法。他隐瞒了自己，让自己看上去越来越弱，让敌人认为有可乘之机，然后不断地诱敌深入，逐渐进入自己的包围圈，最后看准时机，给敌人以致命的一击。

这个事例告诉我们，博弈的过程，实际上也是参与者相互揣摩与试探的过程。多数情况下，阻止竞争对手获得有用的信息，或者故意制造虚假信息以迷惑对手，是十分理性的策略，也是快速克敌制胜的方法之一。

在博弈中，如果你所面临的对手的进攻方式是多元化的，那么，干扰信息就必然会奏效，因为它虽然会透露出你的担心，但同时会使对手无法决定具体的进攻路线。同时，这也告诉我们，在作决策之前，一定要分析你所掌握的信息是否是对手所设置的“陷阱”，别被“虚张声势”所欺骗。

我们的生活中，多数人也经常会被所谓的“规律”、“习惯”等所骗。在股市中，很多人在炒股的时候，自以为掌握了股票上涨的几个要素和规律性，只要自己抓住股票上涨的规律，就能够大赚一笔了。但是，真正能够大赚一笔的人有几个呢？因为股市中有很多貌似“规律性”的东西，也可能是伪造出来的，是某一些机构为迎合股民的心态而精心设计出来的陷阱，是让人上当的诱饵。

总之，在博弈中，不依照常规出牌，不依套路出招，更容易获胜。但是，我们在应用随机策略的时候也要警惕那些规律之中所隐藏的陷阱，不要为外表的伪装所迷惑。

第十一章

蜈蚣博弈：

运用“倒推法”作出明智的决策

1. 你想要的，为何总是得不到

著名音乐家谭盾初到美国时，是靠街头卖艺生存下去的。当时与谭盾在一起卖艺的还有一个黑人琴手，他们配合得相当好。后来，谭盾因为不甘心，就努力地想改变自己的生活，他边卖艺边进修，经过努力终于考上了理想的大学。10 年以后，谭盾已经是国际上知名的音乐家了。

有一次，他发现当初与自己一起卖艺的那位黑人琴手还在街头拉琴，就走过去主动问候。那位黑人琴手一看到他，开口便问道："嘿！伙计，你现在在哪个地区拉琴呢?"

谭盾和黑人琴手原来同在一起卖艺，谭盾的眼光很是高远，通过不断的学习去改变自身的命运，而黑人琴手则目光短浅，仅仅看到眼前的一点利益，想不到"未来"的情况，属于走一步算一步，以后的事情以后再说的做事风格。也就是说，他做事缺乏一种长远的目光，看不到未来事物的走向和进展，因此做起事情来，成本高，效率低。

在生活和工作中，因为人类的短视行为而对环境造成重大污染，对资源进行着掠夺，以求达到一个更加美好的生活，我们的生活果真变好了吗?

1953 年与 1956 年间，日本熊本县水俣镇一家氮肥公司排放的废水中含有汞，这些废水排入海湾后经过某些生物的转化，形成甲基汞。

这些汞在海水、底泥和鱼类中富集，又经过食物链使人中毒。当时，最先发病的是爱吃鱼的猫，中毒之后的猫发疯痉挛，纷纷跳海自杀。

过了几年，水俣地区就连猫的踪影都不见了。在 1956 年，出现了与猫的症状极为相似的病人。因为发病的原因开始不太清楚，所以便用当地地名命名。在 1991 年，日本环境厅公布的中毒病人中仍旧有2248人，其中1004人死亡。

日本的水俣事件造成几千人的人员病亡，给人类造成的损失无法用金钱来估量。这便是人类短视的结果。为了追求经济利益，开发者对草原过度开垦、对森林过度砍伐，结果导致土地的沙漠化严重，最后在高空气流的作用下，尘沙粒土被卷入高空，形成了黑色风暴，给人类造成了空前的灾难。

为何你最想要的总是得不到？这个问题对于人的事业、人生、未来都是一个值得深思的问题。常言道，欲速则不达，放长线才能够钓大鱼，也就是说，我们做人做事要有一个长远的眼光，用发展的眼光看问题，这样才有最大可能得到我们想要的结果。

2.“海盗分金”方式：利用倒推法，从终点出发看问题

“海盗分金”是经济学中的一个模型，说是5个海盗抢得了100枚金币，他们按照抽签的顺序依次提出方案：首先由1号提出分配方案，然后，其余5人进行表决，超过半数同意方案才被通过，否则他将被扔入大海中喂鲨鱼，并且依次类推。

“海盗分金”其实是一个高度简化和抽象的模型，它体现了博弈的思想。在“海盗分金”的模型中，任何“分配者”想让自己的方案获得通过的关键便是事先要考虑清楚“挑战者”的分配方案是什么，并且用最小的代价获得最大的收益，拉拢“挑战者”分配方案中最不得意的人们。

其推理过程是这样的：

从后向前推，如果1至3号强盗都喂了鲨鱼，只剩下4号和5号的话，那么，5号一定会投反对票，让4号去喂鲨鱼，以独吞全部的金币，所以，4号也唯有支持3号才能够保住自己的性命。

而3号知道这一点，就会提出“100，0，0”的分配方案，对4

号、5号一毛不拔而将全部金币归为己有，因为他知道4号一无所获但还是会投赞成票，再加上自己一票，他的方案即可通过。

不过，2号推知3号的方案，就会提出“98，0，1，1”的方案，即放弃3号，给予4号和5号各一枚金币。由于该方案对于4号和5号来说比在3号分配时更为有利，他们将支持2号而不希望他出局而由3号来分配。这样，2号将拿走98枚金币。

同样，2号的方案也会被1号所洞悉，1号将提出（97，0，1，2，0）或（97，0，1，0，2）的方案，即放弃2号，给3号一枚金币，同时给4号（或5号）2枚金币。由于1号的这一方案对于3号和4号（或5号）来说，相比2号分配时更优，他们将投1号的赞成票，再加上1号自己的票，1号的方案可获通过，97枚金币可轻松落入囊中。这无疑是1号能够获取最大收益的方案！答案是：1号强盗分给3号1枚金币，分给4号或5号强盗2枚，自己独得97枚。分配方案可写成（97，0，1，2，0）或（97，0，1，0，2）。

1号看起来最有可能喂鲨鱼，但他牢牢地把握住先发优势，结果不但消除了死亡威胁，还收益最大。而5号看起来最安全，没有死亡的威胁，甚至还能坐收渔人之利，却因不得不看别人脸色行事而只能分得一小杯羹。

“海盗分金”的模型告诉我们：生活中，当我们面临极为复杂的问题的时候，我们要从终点出发向前推理，从“结果”中知道好的和坏的策略是什么样，然后再根据最后的结果向前推，得到前一步中好的策略是什么样，依次类推，这样，我们就能够从中发现自己的最佳策略，以及避免对自己最不利的策略。

3. 学会运用“倒推法”，目光长远才能成就大事

从前，有两个贫穷的人，四处以乞讨为生。有一次，他们已经4

天没讨到一点吃的了。他们在饥饿难耐的时候，来到一条小河边，想到河中捞点吃的，以填饱肚子。

河边一位钓鱼的老人见他们可怜，便给他们每人一些鲜鱼。两人吃饱之后，渔夫就给他们留下了一些鲜活的鱼和一根鱼竿，让他们自行分配，然后便离开了。

两个人商议后，一个人觉得如果要鱼竿还不知道哪天才能钓上来鱼呢，还不如要鱼实在，于是就将鱼拿走了，而另一个人则拥有了那根鱼竿。之后，他们俩便分道扬镳，各自寻找活路了。得到鱼的那个人便迫不及待地找一些干柴，搭起篝火，在原地煮起了鱼肉大餐，之后便饱饱地大吃一顿。不一会儿，分到的那些鱼便全部被吃光了。

不久，他便饿死在空空的鱼篓旁边，连根鱼骨头也没能剩下。

而另一个选择鱼竿的人则提着鱼竿继续忍饥挨饿，坐在河边跟钓鱼的人学习钓鱼。后来，他慢慢地学会了钓鱼，在饥饿的时候便会到河边钓鱼吃。从此，他的钓鱼技术越来越高，钓到的鱼不仅能自给而且还能有剩余，会拿到集市上去卖。

几年过去了，他渐渐地有了钱，在河边盖了新房，而且还娶了位漂亮的老婆，有了自己的孩子，并且他们还拥有了自己的大渔船，日子过得幸福而快乐。

从上面的故事中，我们可以看出：一个人如果仅仅看到眼前的利益而不顾及未来，得到的也仅仅是短暂的欢愉和快乐；而一个人如果目光长远、志向高远，却不会顾及眼前的利益，不懂得与他人合作，便如同那个拿走鱼竿的人，只有努力学习捕鱼的技术才有可能达到目的，走向最终的成功。

这也告诫我们，在做任何事情的时候，一定要将眼光放得长远一些，从想达到的目标向前推，从中发现和制定自己所需要作出的策略，这样才有可能达到最终的目标。

郑波和刘涛都是热情、开朗的人，两人同时毕业于一所名牌大学的经济系，并同时进了一家外贸公司做普通的销售员。郑波很喜欢这份工作，在入职3个月后，就针对公司部门的实际职位构成给自己做了极为详尽的职业发展规划，计划在一个月内熟悉市场，并拿下一个订单，获得留职资格。在两年内做到销售小组长的职位，5年内做到销售主管的职位，同时还有10年计划、20年计划，不同的发展阶段都有不同的目标，还有极为详尽的实施计划和规划。每天都在为自己的目标而不断地努力前进，不断地给自己充电，考了英语证书，不断地提高自己的专业水平。在与客户沟通的过程中，也不断地总结，掌握了不同客户的心理特点，锻炼自己的口才，经过不断地学习努力，5年后，终于坐到了销售主管的位置，收入也比5年前增了几倍。

而刘涛则每天只是为自己的生计而工作，并没有规划好未来的发展之路。在工作一年之后就结了婚，又购了房，生活的重压使他无法脚踏实地地工作，其间，不断地更换工作，频繁跳槽，5年之后，一无所成，还在一家电子公司做着普通的销售，基本上拿着5年前的工资水准。

郑波和刘涛在同一起跑线上出发，最终的结果却不同，其主要原因在于前者目光长远，能够很好地规划自己的未来。而后者则只注重眼前的享受，目光短浅，对未来没有好的规划，最终一无所成。

其实，我们在面对类似问题的时候，只需用博弈学中的“倒推法”，即想想作这个决定后，会给自己的人生造成什么样的后果，如此情况下将目光放得长远一些，才能作出更为明智的决策。

所以，我们在作任何决策的时候，一定要把眼光放得长远一些，不要仅仅局限于固有的定律，也切勿仅看到眼前的一点利益，学会用“倒推法”去作决策，以达到自己既定的目标，才能在现实生活中放出理想的光芒。

4. “蜈蚣博弈悖论”：倒推法不是万能的

“蜈蚣博弈悖论”（简称“蜈蚣悖论”）是在博弈论以及博弈逻辑

研究中所发现的一种博弈悖论，是一种合理行为选择的悖论。“蜈蚣博弈”是在 1981 年由罗森塞尔所提出的一个动态博弈。因为这个博弈的扩展很像一条蜈蚣，因此便被称为“蜈蚣博弈”。

它是指这样一个博弈：两个博弈方 A、B 轮流进行策略选择，可供选择的策略有“合作”和“不合作”两种。他们的博弈展开式如下：

A —— B —— A ——…… A —— B —— A —— B —— (10，10)

| * * * * | * * * | * * * * * * | * * * *| * * * * | * * * |

(1，1) * (0，3) * (2，2) * * * (8，8) * (7，10) * (9，9) * (8，11)

在上图中，博弈从左到右进行，横向连杆则代表“合作策略”，而向下的连杆则代表“不合作策略”。每个人下面对应的括号则主要代表相应的人采取不合作策略，博弈结束之后，各自的收益，括号内左边的数字则代表 A 的收益，右边则代表 B 的收益。如果一开始 A 就选择了不合作，则两人各得 1 个收益，而 A 如果选择合作，则轮到 B 选择，B 如果选择“不合作”策略，则 A 的收益为 0，B 的收益为 3，如果 B 选择合作，则博弈继续进行下去。

可以看到每次合作后总收益在不断增加，合作每继续一次，总收益增加 1，如第一个括号中总收益为 1＋1＝2，第三个括号为 0＋3＝3，第二个括号则为 2＋2＝4。这样一直下去，直到最后两人都得到 10 的收益，总体效益最大。遗憾的是这个圆满结局很难达到！

大家注意，在上图中最后一步由 B 选择时，B 选择合作的收益为 10，选择不合作的收益为 11。根据理性的假设，B 将选择不合作，而这时 A 的收益仅为 8。A 考虑到 B 在最后一步将选择不合作，因此他在前一步将选择不合作，因为这样他的收益为 9，比 8 高。B 也考虑到了这一点，所以他也要抢先 A 一步采取不合作策略……如此推论下去，最后的结论是：在第一步 A 将选择不合作，此时各自的收益为 1！这个结论是令人悲伤的。

不难看出，在该博弈的推理过程中，运用的是逆推法。从逻辑推理来看，逆推法是极为严密的，但是结论也是极为不合理的。因为一开始就停止的策略 A、B 均只能够获取 1，而采取合作性的策略有可能均获取 10，当然，A 一开始采取合理性策略有可能获得 0，但 1 或者 0 与 10 相比确实是很小。但是直觉告诉我们采取“合作”策略是好的。而从逻辑的角度去看，A 一开始应该选择“不合作”的策略。人们在博弈中的真实行动“偏离”地运用逆推法关于博弈的推论预测，必然会造成二者间的矛盾和不一致，这便是蜈蚣博弈的悖论。

用通俗的话来说，就是最后一次的背叛收益始终优于合作，并且可悲的是，这一次背叛方将由于人性的理智，穿越时光隧道，回到原始的地点：人们将从开始就拒绝合作。也就是说，我们永远也得不到我们所想要的结果。

然而，我们会发现，即便是双方均采取合作策略，这种合作也不会坚持到最后一步。理性的人出于对自身利益的考虑，一定会在某一步采取不合作策略。只要倒推法在起作用，合作便不能够进行下去。也许，下面这个观点则比较公允：倒推法悖论其实是源于其适用范围的问题，即倒推法只是在一定的条件下和一定的范围内有效。

“蜈蚣博弈悖论”也从侧面告诉我们，这个世界是不完美的。因为在现实生活之中，人们极少这样去做。当然合作到最后的也极少。这也意味着倒推法也只是在中间阶段能产生有效的作用，只不过谁也不能够预测中间一步在哪里。具体在哪里，我们也只有寄希望于信任、道德和良知，等等。

不过，倒推法是分析完全信息下的动态博弈的最为有效的工具，它可以教我们从终点出发看问题，采用合作还是不合作的策略，何时合作，何时不合作、将对我们的期望收益产生极为重要的影响。

第十二章

脏脸博弈：

“共同认知”的巨大力量

1. 脏脸博弈：你也可以做福尔摩斯

“脏脸博弈”说的是这样一个故事。

在一个房间中有3个人，3个人的脸都很脏，但是他们看不到自己的脸，而只能看到对方的脸。这个时候，突然从房间外面进来一个美女，十分委婉地告诉他们说：“你们3个人中至少有一个人的脸是脏的。”3个人都相互各自看了一下，都没有什么反应。

紧接着，女孩子又问了第二句：“你们知道谁的脸是脏的吗?”

当他们相互间再彼此打量第二眼的时候，突然意识到自己的脸是脏的，3人的脸一下子便红了下来。为什么呢?

可以用推理法得出结论：

假如当有一个人的脸是脏的时候，一旦美女宣布至少有一张脏脸，那么脸脏的那个参与者看到两张干净的脸，他的脸便立马会红。而且3人都知道，如果仅有一张脏脸，脸脏的那个人则一定会脸红。

在看第一眼时，3个人中都没人脸红，那么，每个人都知道至少有两张脏脸，事实上，他们各自也会看到两张脏脸。如果只有两张脏脸，两个脏脸的人各自看到一张干净的脸和一张脏脸，推断出另一个脏脸的一定是自己，这两个脏脸的人就会脸红。然而，却没有人脸红。于是，3人便由此推断出，3人的3张脸都是脏的。因此，在打量第二眼的时候，3个人都会脸红。

即便美女没有宣布，参与者也知道至少有一个人的脸是脏的，为何女孩子的一句看似废话的事实，便使3个人都知道自己的脸也是脏的呢?

这便是“共同认知”在起作用，它的作用显得有点可怕得强大。那么，何谓“共同认知”呢？用通俗的话来说，便是对一件事情，如果所有的博弈当事人对事件有所了解，并且所有当事人都知道所有当事人都知道这件事情，那么，这样的事件便是"共同认知"。

在脏脸博弈的故事中，美女的后面一句话就是使所有的参与者都事先知道的事实成为一种共同的认知。于是，他们通过对全盘事物的了解，意识到了自己的脸是脏的。

我们对"皇帝的新装"的故事都不陌生，所有的人从皇帝到上臣，从骗子到街上的观众其实都知道皇帝是没有穿衣服的。但是，他们的"都知道"并不能让他们说出这个事实，主要是因为个人利益的驱动。换句话说，"都知道"并非是最重要的，不能产生什么行为的，就比如大家都说某人好，这并不重要，因为无法改变社会中该人越来越少的事实。知道皇帝没穿衣服的人之所以不敢说出实情，是因为他不知道其他人也知不知道他知道！由此可见，"共同认知"可以改变均衡状态，那个小孩声音极为清脆，之所以格外的响亮，是因为他给大家建立了"共同认知"，于是，皇帝自己也知道别人知道他没穿衣服。

用通俗的解释便是："皇帝什么都没穿"不是皇帝、大臣以及老百姓之间的"公共知识"或者是"公共信息"。之所以导致这样的结果，是因为两位给皇帝做衣裳的骗子事先定好了一个虚假的前提，即如果看不见皇帝的新衣服的话，就意味着是愚蠢的人或者是不称职的人。因此，为了掩盖自己的"愚蠢"，每个人都很小心地不让其他人察觉自己没看见皇帝的新装。此时，每个人都在说着假话，争先恐后地说自己看见了新衣服。这便是一个均衡，一个大家都"说谎的均衡"。

当所有人都在恐慌的时候，人群中的小孩却说出"皇帝根本什么也没穿"的事实。小孩被认为是不会讲假话的，所以当小孩的真话传到每个人耳中的时候，"其实皇帝什么也没穿"便也成了公共知识，“说谎的均衡”便被打破了。

“共同认识”的更大作用就在于减少交易成本，比如某些规则，如合同法、税务法等，具体一点如“违约赔偿”等都是人尽皆知的，所以参与的双方只要各自依之行事便可以了。

通常的公共知识，即公共信息，讲的便是信息对称，也就是说，在市场条件下，要实现公平交易，交易双方所掌握的信息必须要对称。换句话说，倘若一方掌握的信息多一些，另一方所掌握的信息少一些，二者不“对称”，这样交易便做不成。即便是做成了，也可能会出现不公平交易。因为信息不对称，使一部分人会吃亏。类似的吃亏多了，人们便会变得聪明起来、谨慎起来。为此，又产生了另一个后果：交易难做成，连本来可以做成的交易也无法达成了。

2. 为什么会出现“用人单位招不到人，而失业者找不到工作”的现象

在这中国高等教育大众化的形势下，毕业生就业难已经成为一个普遍的问题。所谓“毕业就意味着失业”说明了大学生就业面临的竞争压力越来越严重；而由于知识经济时代的到来，越来越多的单位将人才战略作为其发展的核心战略，人才竞争也愈演愈烈；受竞争压力以及其他诸多社会因素的影响，诚信危机已经开始入侵大学生就业市场，影响参与者的行为，干扰了正常的就业秩序。

大学生就业市场中的诚信问题主要涉及毕业生与用人单位之间的博弈。参与博弈的毕业生与用人单位在选聘会上都有两种选择：那便是诚信或者不诚信的策略。

毕业生：毕业生将依据找到理想的工作为原则来进行决策。对毕业生而言，在用人单位面前真实地展现出自身的知识、能力、素

质等个人信息。但是在现实之中，毕业生与用人单位之间的信息是不对称的，学历证书以及成绩单、在校期间的各种获奖证书、等级证书等相关证明就成了毕业生向用人单位传递能力的信号，因而一些毕业生通过制作"掺水"简历、"虚假"证明等不诚信行为来抬高自己的身价，以求谋得理想的工作。

用人单位：用人单位将会依据招到最好的毕业生这一原则来决策。用人单位的诚信就是在任何情况下，始终将单位的综合实力、薪酬水平、发展机会等真实信息传递给毕业生。同样由于供求双方信息的不对称性，用人单位都有可能不切实际地夸大自身的实力、薪酬水平、发展机会等情况，以求吸引到更好的人才或是出于竞争的目的盲目地追求人才的高消费，这将使毕业生面临"逆向选择"的风险。

在对局双方两种策略选择的情况下，我们就可以对 4 种策略进行组合。

1. 双方都选择"诚信"，那就可以达到双赢的结果，即毕业生可以找到相匹配的工作，用人单位也可以找到相匹配的毕业生，双方的效用都为 2。

2. 大学生选择"诚信"，用人单位选择"不诚信"，就是说毕业生会损失 1 个单位。而用人单位则可以获得 1 个单位的额外收益，具体表现为大学生找到的工作与其自身知识、能力与素质不匹配，而用人单位招到的毕业生优于其单位所提供的薪资水平、发展机会等。

3. 如果大学生选择"不诚信"，用人单位选择"诚信"，大学生就会获得 1 个单位的额外收益，而用人单位则损失 1 个单位。表现为大学生获得了超过其知识、能力、素质的工作岗位，而用人单位招聘的毕业生差于与其单位综合实力、薪酬水平与所需岗位匹配的理想人才。

4. 如果大学生与用人单位都选择“不诚信”，双方的效用均为零。表现为大学生没有找到相匹配的用人单位，而用人单位也没有找到相匹配的人才。

具体可以表示为：

博弈方	大学生（诚信）	大学生（不诚信）
用人单位（诚信）	（2，2）	（3，－1）
用人单位（不诚信）	（－1，3）	（0，0）

上述毕业生与用人单位博弈的模型与“囚徒困境”极为相似，对局方面都有一个上策：对大学生而言，为了找到更好的工作，无论用人单位采取何种策略，大学生都倾向于不诚信；对用人单位来说，为了招到更好的大学生，无论大学生采取何种策略，用人单位的最优策略也是不诚信。因此，双方的结局将会是大学生与用人单位都采取“不诚信”。

这就造成了一个社会现实：大学生惊呼：为什么总找不到理想的工作？而用人单位也会到处叫嚷：为何企业总招不到理想的人才？

面对现实情况，大学生如何才能突破这种困境呢？

要摆脱困境，大学生在就业前，首先要摆正自己的心态。要知道，诚信就业不仅是社会道德的约束与价值导向的要求，而且也是大学生就业过程中通过自身实际，给自己以合理、准确的定位，选择最适合自己知识、能力与素质水平的用人单位，以求得自身的发展。以造假等不诚信的投机行为而取得高于自身能力水平的职位，即便在求职过程中不会被发现，也会在雇用以后的工作中暴露出来而导致解聘或降薪。要想在未来的发展中成为职场中的一名佼佼者，归根结底还是要苦练内功，努力学习专业知识，增加自身的实践能力，不断地拓展自身的综合素质等，以提升自身的核心竞争力。

对于用人单位来说，也要端正心态，确立诚信用人的观念，不要通过夸大自身的实力、待遇等情况去网罗更加优秀的大学生，否则即便是录用了，也会面临人才跳槽或者消极怠工的风险，进而增加雇用成本，而且会给企业的信誉带来更大的损失。

总之，在这场博弈中，双方只有端正心态，都选择"诚信"，这样才能使彼此都获得最大的收益。

3. 巧妇伴拙夫："鲜花"为何要插在"牛粪"上

生活中，我们经常会遇到"巧妇伴拙夫"的奇特现象。许多貌美的女孩身边总是不乏相貌丑陋、能力平常的男士。而那些普通的女孩倒是不乏优秀男士与之相伴。其实，造成这种现象的一个主要原因便是"信息不对称"。

生活中，多数男人都是喜欢美女的，不管是能力强、相貌好的，还是能力弱、相貌不好的。但是诸多的男人都会这么想：这么美丽漂亮的女孩，身边一定不乏追求者，而且这些追求者一定都是条件极好的，哪能轮得上我呢？如果追不到，岂不是很丢面子的事？于是，便叹口气，转而追求其他女孩去了。

而有钱的阔佬看到漂亮的女孩之后，也会这么想：这么漂亮的女孩，怎么轮得上我去追求呢？肯定有那些既年轻又有钱的人去追，如果追不到，岂不是很丢面子的事？于是，在无奈之下，便扬长而去。

漂亮的女孩到一家公司工作，巧遇到年轻有为的同事。面对如此的佳人，每位同事都按捺不住内心的激动。但是所有的同事都又转念一想：这么漂亮的女孩子，怎么能够轮到我去追呢？肯定有那些比我更有钱的阔佬去追，如果追不到，一定会很失面子。于是，所有的人便果断地放弃了。

这时候，漂亮女孩身边出现了一个相貌丑陋且能力平平的男子，心想，追这样漂亮的女孩可能没戏。但是，如果去追，追到了算是自己赚了，而如果追不到，对我这样的人来说，也不是什么丢脸面的事情。于是，便奋力一试，没想到漂亮的女孩正孤单寂寞，正是需要人呵护的时候，于是，便成了丑男的女朋友。

从上述事例便可以看出，那些都想追求漂亮女孩的男士之间的信息都是不对称的，同时，他们也都不了解那些漂亮女孩的尴尬的处境和内心的真实想法，结果是每一个想追求美女的男人都根据自己的预期来决定是否要去追求漂亮女孩。因为大家都预期追求漂亮女孩一定是极高的门槛，然后所有的人都退缩不前。最终，丑男则丢弃脸面，奋力一试，赢得了女孩的芳心。这也是对博弈学中的“逆向选择”理论的体现。

其实，“逆向选择”理论是在美国著名的经济学家阿克洛提出的“旧车市场模型”理论的基础上形成的。在旧车市场上，买者与卖者之间对汽车质量信息的掌握是不对称的。卖者知道所售汽车的真实质量。

一般情况下，潜在的购买者都想确切地滋长认出旧车市场上汽车质量的好坏是件极为困难的事情。他最多也仅仅是通过外观、介绍以及简单的市场试验等来获取有关汽车质量的信息。然而，从这些信息中很难准确地判断出汽车的质量。因为汽车的真实质量只有通过长时间地使用才能知晓，但是这在旧车市场上又是不可能的。在这样的情况之下，典型的汽车购买者只愿意根据平均质量去支付价格。但是如此一来，质量高于平均水平的卖者便会将他们的汽车撤出旧车市场，市场上也只会留下质量低的卖者。如此，出现的结果为：旧车市场上汽车的平均质量降低，购买者愿意支付的价格则进一步下降，更多的较高质量的汽车则退出市场。

这极大地违背了市场竞争中优胜劣汰的选择法则。平常人所说的选择都是选择好的，而这里选择到的都是最差的，所以将这种现象叫作"逆向选择。"

类似的情况还出现在保险市场上。而生活中的"巧妇伴拙夫"、"鲜花插在牛粪上"，都是因为信息不对称所引起的。所以，获得更多的信息，对于个人是十分有利的。

4. 巧妙利用"信息不对称"：买的没有卖的精

有一个古董商在古玩市场看到一个价值连城的珠宝盒，盒中放着一颗普通的珍珠，于是便假装很喜欢这颗珍珠，要从主人手中买下，主人不卖，为此，古董商便花了大价钱买到了珍珠。成交之后，古董商假装很不在乎地说："这个珍珠这么宝贵，要配好的盒子才行。我看你这个盒子做工就挺精致，你把它一起送给我吧！"

卖主便不情愿了，说道："实话告诉你吧，我用它已经卖出去很多颗珍珠了。"

这个结果让买主万万没有想到，卖方不但知道，而且还巧妙地利用了"认为对方不知道"的错误大大赚了一笔，这便是卖家对"信息不对称"的巧妙运用。

在生活中，因为信息不对称所造成的劣势，几乎是每个人都要面临的困境。谁都不是全知全觉的，那么，该怎么办呢？

信息不对称理论告诉我们，各类人员对相关信息的了解是有差异的，掌握信息比较充分的人员往往会处于十分有利的地位，而信息贫乏的人员则往往处于不利的地位。该理论认为，市场中卖方比买方更了解有关商品的各种信息，掌握更多信息的一方则可以通过信息贫乏的一方传递可靠信息而在市场中获益。为了避免这样的困境，我们应该在行动之前尽可能地去掌握相关的信息，比如对方的知识、经验、内心的真实想法等，都可以争取在博弈中占据优势。

明崇德七年，清军与明朝大将洪承畴在松山进行了一场大战，结果，明军惨败，洪承畴被俘。此时的皇太极极力劝说洪承畴投降，但是刚正的洪承畴誓死不降，并且还骂不绝口，只求速死，这让皇太极伤透了脑筋，只得劳烦范文程前去劝说。

范文程是清朝的开国元勋，也是当时的谋略家，满腹经纶，有智慧、有远见，纵横古今，极受努尔哈赤的重视。

这一天，范文程去看望洪承畴，见到对方后，根本不提劝降之事，只是天南地北、谈古论今地诉说一番，并在此间察言观色。在谈话中，梁上积落的灰尘落在洪承畴的衣衫之上，而他一个将死之人，却几次轻轻将其拂去。这个下意识的动作，他人很难觉察，但却逃不过范文程的眼睛。他由此判断出洪承畴必可以说降。于是，就向皇太极报告说："洪承畴是不会死的，再派适当的人劝说，一定能让他降服的。"

皇太极闻听此言，极为兴奋。他明白，只要洪承畴一松动，便可以极容易地统一中原地区。果真，事情不出范文程的意料，经过孝庄皇后巧施美人计与巧妙耐心地劝降活动之后，一向自视为明朝最后一位忠臣的洪承畴最终还是俯首称臣了。

这个故事告诉我们：我们并不一定要知道未来将会发生什么问题，但是如果你在事发之前能通过各种方式掌握更多的有效信息，便有可能作出正确的决策。

在现实生活中，很多情况并非是理想化的。一些保险公司并不知道投保人的真实健康状况，而只有投保人自己最清楚。求职者向用人单位投递简历，求职者的能力相对而言只有他自己心里最清楚，用人单位并不十分完全了解。最为常见的事例便是买卖双方在进行交易时，对交易商品的质量的高低，自然是卖方比买方更为清楚。

之所以会出现信息不对称的情况，主要是因为"私有信息"。所谓的"私有信息"，通俗地讲，便是如果某一方所知道的信息对方并不清楚，这种信息就是拥有信息一方的私有信息。私有信息，简单地说，如商家的产品是否有严重的缺陷。这样的信息往往只能是接近和熟悉这种产品的人观察到，那些无法接近这种产品的人却无从了解或难以了解。

相反，如果一则信息大家都是清楚、明白的，或者所有有关的人都是知道的，就被称为"公共信息"。私有信息的存在导致了信息的不对称性，也就是某些人掌握的信息要多于其他的人。

私有信息的存在是信息不对称情况发生的根本原因。比如，一个漂亮的女孩子在面对许多追求她的男孩时，这些男孩的人品、上进心等信息对女孩来说是私有信息，女孩与其所追求的男孩之间就存在着信息不对称的现象。因此，这个女孩到底该选择哪一个男孩则往往带有极大的不确定性。正是因为这种不确定性的存在，才会给决策带来更多更大的失误。所以，生活中，我们要想掌控主动权，就必须充分了解对方的信息，并为之制定相应的策略，加大成功的概率，正所谓"知己知彼，百战不殆"，说的就是这个意思。

第十三章

鹰鸽博弈：

让事业进入良性循环

1. 鹰鸽博弈：强硬者与温和者的博弈对决

“鹰鸽博弈”说的主要是两种动物，即鹰和鸽，鹰是强悍和凶猛的动物，斗起来总是凶悍霸道，全力以赴，孤注一掷，除非身负重伤，否则绝不退却。而鸽子则是以一种风度极为高雅的惯常方式进行威胁恫吓，从来不会故意去伤害对手，往往会委曲求全。

在这样的情况下，如果鹰和鸽进行一场搏斗，鸽子就会迅速地逃跑，所以，不容易受到伤害；而如果是鹰和鹰进行搏斗，则会一直打到其中一只受重伤或者死亡才肯罢休；如果是鸽子同鸽子相遇，那么便会和平相处，谁也不会伤害谁。

每只动物在搏斗中都会选择两种策略之一，即“鹰策略”或者是“鸽策略”。对于为生存竞争的每只动物而言，如果“赢”的话，则会获得“+5”的收益，而输的话，则会获得“-5”的收益，“重伤”则相当于“-10”，“不受伤”即可获得“+5”的收益。为此，如果双方对弈的时候，最好的结局便是对方选择鸽子，而自己选择鹰策略，如此这样，自己的收益为+10，而对方的收益为+5。而最坏的便是双方都选择鹰策略，即双方的收益都为-10，即两败俱伤。

用收益矩阵来表示为：

A/B		A	
		鸽	鹰
B	鸽	(5，5)	(5，-5)
	鹰	(-5，5)	(-10，-10)

鹰鸽博弈的稳定演进策略共有 3 种：一种是鹰的世界，即霍布斯的原始丛林；一种是鸽的天堂，即各种乌托邦；还有一种是鹰鸽

共生演进的策略，这要求混合采取强硬或者合作的策略。

进化上的稳定均衡最大的好处莫过于保持稳定。但问题在于形成强势的路径依赖，也就是胜出的不一定是最好的。因为最好的会被当作出头鸟干掉，这是个体的失败，会导致集团的胜利以及集体的止步不前。

2. 遵守社会惯例：它有着一定的稳定性

“鹰鸽博弈论”体现了社会中的一个极为重要的理论：进化稳定策略。用通俗的话来说，最好的策略主要取决于种群的大多数成员在做什么。由于种群的其余部分也是由个体组成的，而它们都力图最大限度地扩大其各自的成就，因而能够持续存在的必然是这样一种策略：它一旦形成，任何异常的个体的策略都不可能与之相比拟。

毕业于某所科技学院的刘昭刚被一家科技公司录用。刚进新单位，他发现自己周围的同事都是40多岁的中年人，经验虽然比自己丰富，但是头脑却没那么灵活，对电脑也都不太精通，刘昭很是兴奋，认为自己以后可以在单位里大展拳脚了。于是，他不断地在同事中卖弄自己的才能。

“哎呀！电脑怎么能这么用呢？我来告诉你……”“这方面你必须听我的，这方面可是我的强项呀！”他经常在办公室里对其他同事指手画脚。

有一次，老板派他到客户那里去帮助解决电脑程序上的问题，接待他的是一位中层领导，他热情地将刘昭请到他的办公室中，并沏上一壶好茶，说：“你来了就太好了，我们这里有一台电脑不知道怎么了，每次打开不到几分钟就死机了，麻烦你给看看吧！”

刘昭就慢吞吞地说：“没关系，电脑方面我最在行，我还没遇到过解决不了的问题呢?”几分钟时间，他就把电脑修好了。

那位中层领导很是高兴，连连称赞刘昭有能力。听到这话，刘昭就有些飘飘然了，说:“其实电脑没有什么问题，主要是用电脑的人太笨了，他把一个程序设置成后台运行了，这个程序要占用大量的内存，如果再打开其他的程序，电脑就反应不过来了，不死机才怪呢!”

听了这话，那位中层领导的脸色立刻就变得难看起来。刘昭没注意到对方脸色的变化，还一直在那里吹嘘自己如何高明。

过了一段时间后，刘昭突然就被他所在的单位辞退了，主要是单位的同事以及一些客户都说刘昭做事太高调，办事说话从来不顾及他人的感受。

人际关系学大师卡耐基说:“如果你要得到仇人，就表现得比你的朋友优越吧;如果你要得到朋友，就要让你的朋友表现得比你优越。”所以说，保持低调，是在与他人相处时必须要遵守的一条社会真理与惯例。刘昭的行为则体现了“不随大流的悲剧”，即与社会惯例相抵触，必然会吃亏的原则。生活中我们所奉行的“枪打出头鸟”正是这个道理。

根据鹰鸽博弈理论，在周围环境的一次大变动之后，种群内部可能会出现一个极为短暂的进化上的不稳定性阶段，甚至也可能会出现波动。但是一旦 ESS 确立下来，便可以稳定下来了，偏离 ESS 的行为将会受到自然选择的惩罚。这表现在社会中便是，社会的一些约定俗成的理论是大家所共同认知的，如果一个个体公然去挑战这种惯例，必然会遭到“淘汰”。

所以，在生活中，我们与其相信“出淤泥而不染”，倒不如相信“近朱者赤，近墨者黑”才是符合进化论规律的。在 ESS 策略中，存在着一种可以被称为惯例的共同知识：大家都这样做了，我也应当这样去做，甚至有时候不得不这样去做。再加上，这些惯例是大家经过无数次的实验所得出的结论，这可能是最省事、最方便且风险最小的做法。这样，惯例便成了社会运动的一种纽带、一种保障机制，从而也便构成了社会正常运转的基础。我们生活中所讲的“随大流”也便是稳定策略 ESS 的体现之一。

3.“随大流”也有着理性的一面

邓强和刘刚第一次到桂林，除了要欣赏桂林的美景外，还想品尝一下这里的特色小吃。时值旅游旺季，旅行区的人很多，餐馆也很多。夜里，他们俩找地方安顿下来后，想到外面大吃一顿，他们来的时候，就听说这里不仅景美，小吃也独具特色。

于是，在夜里 9 点多钟的时候，他们看到一家餐馆外面仍旧有很多人排着长队等着就餐，邓强便建议刘刚也到那家餐馆去排队；而刘刚则不干了，这么晚了，还有那么多人在排队，不知要等到什么时候，再说那家的餐馆也不一定符合他们的口味，与其这样，还不如到其他的餐馆去就餐，两人为此也犹豫不决，争执不下……

对于邓强和刘刚的建议，哪个更为明智呢？

其实，对于他们来说，如果时间充裕，那么到那家排着长队的餐厅中去吃，无疑是极为明智的。因为这家餐厅门外排长队所传达的信息就意味着多数人都觉得这家餐厅不错，其中也包括曾经在这个餐厅用过餐的回头客。

也就是说，门口的长队可以为餐厅提供其受欢迎程度的有用信息。当然，这种信息有时会受到干扰，因为有些聪明的餐厅老板会故意制造出位子紧缺的假象，或者故意将很多座位隔起来，或者用虚假订位来限制供应。但是，一家真正有特色的餐馆，就算每天故意制造虚假信息，也是隐瞒不了消费者的。所以，如果你发现一家餐馆总是有人排长队等候，那么，说明这家餐馆真的不错。

当然，生活中，除了吃饭，还有一个在当前经济萧条中更为现实的问题：银行门外的长队！

比如你在一家银行有一笔数目相当的存款，而且这家银行的信誉一向极好。然而，突然有一天，你却发现这家银行门外的提款处排了长长的队伍，这时候的你，该如何是好？

这个队伍其实向你透露这样一个信息：银行内部可能出现了信任危机。如果你不去排队取走你的钱，有可能就会打水漂。而如果将款提出来后，银行没有发生信任危机，那你也没损失多少。所以，权衡利弊之后，你最聪明的选择便是马上排在队尾，以便在银行现金被取光之前将自己的钱也提出来。如果所有的存款人都这么想，那么，队伍便会越来越长，银行也会马上出现危机。

为此，我们可以得出结论：在很多时候，“随大流”也是有着十分理性的一面的。在用餐、取款与其他诸多的环境中，排队本身就需要排队的理由，而且这个理由是十分理性且充分的。要知道，群体中的危机有自我实现的机制，在预警信息刚刚出现的时候，千万不要认为自己比别人更为高尚、更有远见，也不要对“随大流”的行为不屑一顾。

4. 路径依赖是一条不归路：成功与失败都会自我强化

一天，父亲带着儿子在田中插秧，一上午过去了，儿子插的秧看上去总是歪歪扭扭，而爸爸插的却整整齐齐，就如尺子量过的一样。

儿子看到后感到很是困惑，就问爸爸：“你是如何将禾苗插得那么直的？”

爸爸笑着说：“其实这很简单，在插秧的时候，眼睛只要盯着一个东西，这样就能插直了。”

听了爸爸的话，儿子就又卷起裤管，按照爸爸所说，开始高兴地插完了一排秧苗，但是，这次插的秧苗，竟然成为一道弯曲的弧线。

这是怎么回事呢？儿子十分不解。于是，爸爸就问儿子：“你的眼中盯着的是一件东西吗？”

“是啊，我盯住了那边吃草的水牛，那可是一个大的目标啊！”儿子得意扬扬地说。

爸爸笑着说：“水牛边吃草边向前走，而你在插秧苗的时候也会跟着水牛来回移动，等于你选择了一个会来回移动的目标，这样如何可能将秧苗插直呢？”

这个简单的小故事说明了一个道理：如果一开始就做出了错误的选择，那么，后来就只能是将错就错，极难纠正过来。

父亲用插秧的道理揭示了所谓的惯例的形成，也就是被后人称之为“路径依赖”的社会规律：人们一旦在开始做出了选择，这种选择便会自我强化，一直强化到其被认为是最有效率、最完美的一种选择。就像一个人一旦走上了一条不归路，不会轻易地走出去。

“路径依赖”这个名词是由美国斯坦福大学教授保罗·戴维在其著作中首次提出的。到了20世纪80年代，戴维与亚瑟·布莱恩教授就将“路径依赖”的思想彻底地系统化，并且很快成为研究制度变迁的一个极为重要的分析方法。该思想指出，在制度变迁中，初始选择对制度变迁的轨迹具有极为强大的影响力和制约力，人们一旦确定了一种选择，就会对这种选择产生一种依赖性；这种选择本身也是具有发展的惯性，具有自我积累放大效应，从而不断地强化这种初始选择。

为此，科学家们也曾经做过一个实验，来验证这一条社会规律。

科学家将 6 只猴子关在一个极为封闭的房间中，每天只给它们提供很少的食物，使得猴子吱吱乱叫。然后，他们便会在房间上面的小洞中放一串香蕉，一只饿得头昏眼花的大猴子一个箭步冲向前，可是在没拿到香蕉时，所有猴子一样被热水所烫伤，众猴子只好望香蕉兴叹。

几天之后，实验者又用一只猴子换走了一只老猴子，当新猴子的肚子饿得也想尝试爬上去吃香蕉时，立刻被其他的 5 只猴子所制止。为此，实验者便再换一只猴子进入，当这只猴子想吃香蕉时，有趣的事情发生了，这次不仅剩下的前 4 只猴子制止它，就连从来没有被烫到过的新猴子也极力地阻止它。

为此，实验继续进行，当所有的猴子已被换过之后，没有一只猴子被烫伤过，热水机关也取消了，香蕉唾手可得时，却没有新猴子敢去享用了。

对于猴子来说，因为取香蕉的惩罚代代相传，因此，虽然时过境迁、环境改变，后来的猴子仍旧恪守前人的失败经验，从而整体上进入了“路径依赖”的状态。比如“女人无才便是德”是前人在实践中总结出来的社会“规矩”，然后，代代相传，纵然时过境迁、环境改变，后来的许多人仍旧恪守前人的规矩，以女子是否有才去评价女人的德行。

其实，“路径依赖”理论被人总结出来之后，人们将把它广泛地用于选择和习惯的各个方面。在现实生活中，由于存在着报酬递增和自我强化的机制，这种机制使人们一旦选择走上某一路径，其既定方向会在以后的发展中得到自我强化，要么是进入良性循环的轨道加速优化，要么是顺着原来的错误路径往下滑，甚至被“锁定”

在某种无效率的状态下而导致停滞，要想完全摆脱就变得十分困难。

5. 成功是成功之母：成功是成功的动力源泉

布莱恩·阿塞尔是美国斯坦福大学著名的经济学教授，他也是将数学工具运用于研究“路径依赖”效应的先驱者之一。他这样描述我们选中汽油驱动汽车的缘由。

在 1890 年，蒸汽、汽油和电力 3 种方法都是汽车的动力源。其中，有一种显然比其他两种都差，那便是汽油。但是历史性的转折出现在 1895 年。

在这一年，芝加哥《时代先驱报》主办了一场不用马匹的客车比赛，这一次比赛的获得者使用的汽车的动力源正是汽油。它可能激发了 R. E·奥兹的灵感，使他在 1896 年申请了一种汽油动力来源的专利，后来又将这一专利用于大规模生产“曲线快车奥兹”。自此，汽油便成为汽车的主要动力源。

其实，蒸汽作为一种汽车动力来源，一直用到 1914 年。当时在北美地区爆发了口蹄疫，这一疾病导致马匹饮水槽退出了历史舞台，而饮水槽恰恰是蒸汽汽车加水的地方。后来，斯坦利兄弟尽管花费 3 年时间发明了一种冷凝器的锅炉系统，从而使蒸汽汽车不必每走三四十英里就得加一次水。可惜那时已经太晚了，蒸汽引擎再也没能够重振雄风，受到人们的重视，走进汽车市场。

毫无疑问，如今的汽油技术远远胜过了蒸汽。然而，这并非是一个比较公平的比较，而带有十分的偶然性。假如当时的蒸汽技术没有被废弃，而是得到了之后近一百年的研究和开发，现在会变成什么样子呢？我们无法准确地预测，但是科学家们一致相信，蒸汽胜出的可能性是比较大的。

汽车的“路径依赖”的过程告诉我们，及早挖掘及发挥出个人的巨大潜力，可以为明天取得胜利获得更多的成功优势。因为，一旦我们取得了足够大的先行优势，其他人哪怕是更胜一筹，也难以赶得上。

关于此，在1968年，美国科学史研究者罗伯特·莫顿（Robert K. Merton）用一个术语即“马太效应”概括了这一种社会心理现象：“相对于那些不知名的研究者，声名显赫的科学家通常得到更多的声望，即使他们的成就是相似的。同样地，在同一个项目上，声誉通常给予那些已经出名的研究者。比如，一个奖项几乎总是授予最资深的研究者，即使所有工作都是一个研究生完成的。”罗伯特·莫顿归纳“马太效应”为：任何个体、群体或地区，一旦在某一个方面（如金钱、名誉、地位等）获得成功和进步，就会产生一种积累优势，就会有更多的机会取得更大的成功和进步。

此术语后为经济学界所借用，直接反映了这样一个真实的社会现象：赢家通吃，富者愈富，贫者愈贫。其实，在现实生活中，相关现象也比比皆是：那些人缘好的人，会受到更多朋友的欢迎，于是他就会有更多的抛头露面的机会，因此更加出名；一个优秀的孩子，就越会受到家长和老师的喜爱，于是，他就会更加上进，于是会更为优秀。

其实，“马太效应”可以看作是“路径依赖”的作用机制下所形成的一种社会现象，它给我们这样的启示：成功是成功之母。生活中，很多人都认为失败是成功之母，这句话是有一定的道理，但并非是绝对的。如果一个人屡屡失败，从未品尝过成功的甜头，那么，他还会有必胜的信心吗？

事实上，“马太效应”对成功有着倍增的效应。一个人越是成功，他就会越自信，越自信就越容易成功。成功会满足我们自我实现的需要，使我们产生良好的情绪体验，成为我们不断进取的加油站。

第十四章

威胁与承诺：

萝卜加大棒，“不战而胜”的聪明策略

1. 运用威胁与承诺：瞬间置对手于无形

孔子曾经生活在陈国，后来离开陈国时途经蒲地，正好遇到公叔氏在蒲地叛乱，蒲地人将孔子扣留起来，不允许其离开。

于是，孔子便向对方发出了哀求。见状，公叔氏也提出了条件：假如孔子不去卫国，让孔子离开。孔子对天发誓不会去卫国，于是他们放了孔子。结果，一出东门，孔子就直奔卫国而去。到了卫国之后，子路问孔子说："可以背叛你的承诺吗？"孔子说："被迫立下的誓言，神灵是不会听的。"

在这个小故事中，孔子与蒲地人进行的是一场威胁与承诺的博弈。蒲地人想用"威胁"来限制孔子，而孔子则用空头的"承诺"顺利脱身，可谓是一个娴熟无比的博弈高手。

诺贝尔奖获得者奥曼认为，人与人之间产生冲突的原因之一便是相互间的猜忌。但是，一旦我知道你如何算计我，你知道"我知道你如何算计我，我知道'你知道我知道你如何算计我'"……这种"知道"链延伸至参与博弈的全体成员，并延伸至博弈的无数个回合，人们在一念之间就会停止相互的猜疑与此时的算计，并达成和解。当然，在此过程中，人们通常使用的手法便是威胁与承诺。

在博弈学中，威胁是指对不肯与你合作的人进行惩罚的一种回应规则。既有强迫性的威胁，比如歹徒劫持人质，其确立的回应规则为：如果他提的要求得不到满足，这些人质必将死于非命；也有阻吓性的威胁，比如美国威胁说，如果苏联出兵攻击任何一个北约国家，它就会以核武器回敬。歹徒的用意就在于迫使对手采取行动，而后者的目的就在于阻止采取某种行动。两种威胁都面临同样的结局：假如不得不实施威胁，双方必都将吃大亏。

承诺是对愿意与自己合作的人提供回报，同样可以分为强迫性和阻吓性两种。强迫性承诺的用意是促使对手采取对你有利的行动，比如对方如果做对自己有利的事情，那么便给他以金钱上的激励；而阻吓性承诺主要在于阻止对手采取对你不利的行动。其实，两种承诺也面临同样的结局：一旦采取（或者不采取）行动，总会出现说话不算数的动机。

其实，在现实生活中，承诺与威胁是在双方谋求利益最大化过程中最为常见的现象。比如一对恋人中的女方会威胁男友说，如果你敢结交其他的女性朋友，只要被发现一次就立即分手，这便是威胁；而男友则向她起誓说，自己绝对是会爱其一辈子，绝不背叛她，这也是一种承诺。

其实，威胁与承诺多数都是在博弈者进行决策选择之前所作出的，威胁和承诺与博弈参与者的约束力越小，博弈合作的可能性也就越小。

就拿孔子和蒲地人的故事来说，孔子为了摆脱蒲地人的阻挡，便对天起誓，承诺自己不会去卫国。这种承诺便对扣押他的蒲地人起了作用，便顺利脱身，最终又违背誓言，照样去了卫国，并对此解释说：“被迫立下的誓言，神灵是不会听的。”

在现实生活中存在许多“战场”，博弈的双方在谈判之前都会事先发动进攻。就算双方都希望能达成协议，互惠互利，但是还是在谈判开始前就会做好各种准备以先发制人，增加谈判的筹码。这也给我们这样的启示：就算你能够预测到谈判的结果，但还是要事先做好工作，在必要或关键的时候运用威胁或者承诺的手段去左右对方的决策。

2. 辨别真假“威胁”：行动永远大于言语

在生活中，人们总是习惯用威胁和恐吓来达到自身的目的。但是，理性的参与者就会发现某些博弈中威胁是不可置信的，即所谓的“空洞威胁”。其实，威胁不可置信的一个极为重要的原因是：将威胁所声称的策略付诸实践对于施与威胁的人来说比不实施威胁行为更为不利。比如一个员工威胁老板说：“如果你不给我加薪，我就离职！”如果老板清楚，这个施威的员工离开之后，找不到比现在薪水更高的工作，那么，老板便会认为这个员工对其实施的是“空洞的威胁”，将会不予理睬。

再比如父亲经常威胁儿子说：“你再在家里的墙壁上乱画，我就剁掉你的双手。”对于儿子来说，父亲是不会因为自己犯的小错误而真的剁掉自己的双手，那么，这种“空洞威胁”将起不到应有的作用，儿子可能还会继续在墙上乱画。

有时候博弈中的承诺也是不可相信的，这样的承诺被称为空口承诺。空口承诺之所以难以令人相信，是因为它太廉价，人们没有理由去相信。尤其是，如果一个空口的承诺本身不符合承诺者的利益，那我们就不应指望他会遵守承诺。因为背叛是人的天性，从亚当和夏娃开始，人类就学会了背叛。

这告诉我们，生活中，一些廉价的口头承诺是不可置信的，博弈论讲究的就是看一个人的实际行动。这是一个最基本的原则，这个原则在生活中是广泛适用的。比如一个男孩子对一个女孩子承诺会爱她一生一世，如果女孩子相信了这样的话，那她便是不理性的。因为，说一句“爱”是件非常容易的事情，仅仅从嘴里说出来的誓言是非常廉价的。如果男孩子更愿意在女孩子身上花钱，更多地花费精力去关心女孩子，那么，他的承诺就更为可信，因为他为他的承诺付出了巨大的代价。

法律惩罚也是生活中人们最常用的威胁手段，但是要注意的是，如果要让法律惩罚成为可置信的威胁，其关键不在于其是否严厉地规定，而在于其是否严厉地执行。为了使威胁变得更为可信，人们可以采取承诺行动。

承诺行动主要是指通过限制自己的某一些策略选择，从而使其选择特定策略的宣称或者意图变得更为可信。承诺行动是局中人通过减少自己在博弈中的可选行动来迫使对手选择自己所希望的行动。其中的道理主要在于：既然对方的最优反应行动依赖于我的行动，那么，限制我自己的某些行动实际上也就限制了对方采取某些行动。如果某些承诺行动只是增加了选择某些行动的成本，而不是使该行动完全不可能被选取，则被称为不完全承诺。承诺行动其实重在“行动”上，“行胜于言”是博弈论的基本教旨。

3. 大智若愚，运用“愚钝”策略

威胁与承诺博弈告诉我们，仅仅局限于口头的空洞威胁是极为廉价的，也是不可置信的。但是这并不意味着现实空洞威胁就从来不会产生作用。事实上，对于“理性不足”的对手，空洞威胁通常也可以起到一定的作用。比如深陷情网的单纯的女孩、男孩，很容易被对方的甜言蜜语所欺骗。理性不足也可能主要屈服于本来不可置信的威胁。

如果一个 18 岁的成年人以绝食来威胁父母给自己买想要的东西，通常是不可行的。因为父母知道其威胁并非不可置信：成年人知道绝食对自己一点好处也没有。但是，一个 3 岁的小孩以拒绝吃饭来威胁父母给他购买玩具，父母则会将他的威胁当真，因为小孩的理性还不足，尽管不吃饭对他十分不利，但是缺乏理性的他的确有可能将其威胁的策略付诸实践。

同样的道理，如果一个经常犯错误的员工要求领导不能给予自己处分，否则就自杀。这样的威胁一般情况下是不会受到雇主的任何关注的，因为它是不可置信的。但是如果是一个精神病人，当别人要处罚他时，他就可以利用自残威胁，从而处罚者只好放弃对他的惩罚，因为精神病人的理性不足，确实会把自残的威胁付诸实践，这便起到了威胁的作用。

所以，在生活中，如果想让你的口头威胁起到效用，那便是要"装疯卖傻"，让对方觉得你的口头威胁有付诸实践的可能。

有一句俗语叫"大智若愚"，在这里便可以获得新的诠释。一个被人认为理性太高的人，往往会遇到不利；而一个看起来缺乏理性、愚钝的人，则往往会因为愚钝而获得好处。所以，真正聪明的人，会将自己打扮成一个看起来愚钝的人，以便在博弈中获得好处。

明朝嘉靖年间，浙江总督胡宗宪倚仗着奸臣严嵩的势力，在自己所统领的地盘上横行霸道，为所欲为，就连他的儿子胡衙内也倚仗着自己父亲的权势，做尽坏事。周围的百姓虽受尽其折磨，但是又害怕他家的权势，只是敢怒不敢言。

有一次，胡衙内带着一批随从自杭州出发，一路游山玩水，作威作福。当他们来到海瑞辖区的淳安县时，受到的待遇却与往日不同。到达城门的时候，没有任何人过来迎接，住进馆驿后也没见官员露面。

见此情景，胡衙内不由得勃然大怒，喝令将馆驿的小吏捆绑起来，他拿着马鞭边打边骂："小爷出来游玩，一路上哪个不巴结？知府还低三下四地为我牵马呢！但你这里的小知县却不知天高地厚，不出来迎接小爷，等我回去告诉我老子，定叫你们不得好死。”

其实，海瑞早已经得知胡衙内来到淳安县，他恨不得将这个纨绔子弟抓起来砍了，但他转念一想，直来直去地硬碰硬不是个好办法，于是想出一条妙计来对付胡衙内。

海瑞带着一队侍从直奔馆驿，一进门，海瑞用手指着正在打人的胡衙内喝道：“把这个恶棍绑起来！”胡衙内自然不把海瑞的话当回事：“我是浙江总督胡宗宪的儿子，谁敢抓我？”

海瑞厉声喝道：“大胆！胡总督是当朝一品大员，时时体恤民情，处处爱护百姓，他的儿子一定是个知书达理的人，这个流氓真是大胆，竟然敢冒充胡总督的儿子。”说罢，便冲手下的人吼道，“来人，将这个冒牌货抓起来，先掌嘴一百。”

几个耳光打完之后，胡衙内已经满口流血，刚才的威风已经荡然无存。这个时候，衙役们便从胡衙内的行李中搜出了很多银子与贵重的物品，海瑞便厉声问道：“这些赃物是从哪里来的？”

胡衙内吓得全部招认了，说这些都是沿途的官员送的。海瑞说：“如此看来，你肯定是个冒牌货了。真的胡公子出游必定是遵纪守法，决不会像你这样索要金银珠宝。你骗得过别人，骗不过本知县。冒充胡公子胡作非为，败坏胡总督的名声，你该当何罪？”

胡衙内已经挨了一顿嘴巴，害怕海瑞再下令给他皮肉之苦，当时赶紧跪地求饶，求海瑞从轻发落。

海瑞立即写了一封书信，信中写道：“属县近来查获一名诈骗犯，冒充总督公子到处招摇撞骗，敲诈勒索，骗得数千银子和甚多珍宝。属县深知总督教子甚严，公子每日苦读，怎能有闲出游？即便公子外出游玩，又怎能搜罗金银珠宝？属县识破此人诡计，及时抓获，所骗赃物，一律充公。特将该犯押往总督府，请老大人予以严惩！”

随后，海瑞派人将胡衙内押到浙江总督府，并呈上了书信。胡宗宪看完信，又看了看被打得鼻青脸肿的儿子，气得一句话都说不出来。但是他又不能治海瑞的罪，只有打掉牙往肚子里吞。

海瑞这次用的就是愚钝的策略，使自己获得了好处。他明明知道胡衙内是真的，但是却装作不知道。不仅如此，他还主动出击，给胡衙内和胡总督来了一个先发制人。这次装糊涂装得极为成功，不仅惩治了恶少，还十分巧妙地保护了自己。

许多人都喜欢《射雕英雄传》中那个憨厚可掬的郭靖，他老实本分，看起来像个榆木脑袋，而黄蓉却古怪精灵、悟性极高。依常理，黄蓉的“职业发展前景”应该比郭靖好一些才对。但实际上，升迁机会更多的反而是郭靖。江南七怪为了调教他，教给他真本领，贡献了自己的下半辈子，全真派老道不远千里，不厌其烦地手把手教他真功夫，却不肯指点梅超风，甚至连九阴真经、降龙十八掌这样的真本事，都无一例外地传授给他。

难道是幸运之神格外眷顾庸才吗？当然不是，郭靖这个人，尽管四肢发达、头脑简单，但他却懂得感恩、诚实守信、待人真诚，对人从不设防，所以更容易赢得他人的信赖。而同样地，黄蓉冰雪聪明，但却不能得到大师的点拨。聪明人因为有悟性，但是却最容易被人设防，结果是聪明反被聪明误，这是聪明人的局限性。在现代社会中，不管是商场还是职场，都需要我们能够踏踏实实做好自己的工作，讲信用、不耍小聪明，这样的人更容易赢得他人的信赖，也总会有出头的机会。

4. 让承诺变得可以置信：请坚决地表达自己的主张

一位小伙子给自己心爱的姑娘发短信写道：“我爱你爱得极为深切，以致愿意为你赴汤蹈火；我是如此地想见到你，任凭艰难险阻也挡不住我的脚步。本周日如果不下雨，我一定会去找你。”

这个女孩子能够相信这个男士的誓言吗？男士如何才能让对方觉得他的誓言是可信的呢？为了表明他的心迹，是需要付出代价的，而且代价越是沉重，才能够表明男士越是爱她。不过，这代价并不一定是金钱，因为金钱对于某些人来说是极为廉价的。

比如一个百万富翁为一个女孩子一掷千金，为另一个女孩子则不惜生意代价付出大量的时间来陪伴她，你说他更爱哪一个女孩子呢？在高度情感化的领域，人们的博弈依然充满了理性。为何男女在结婚之前，男方要给女方送极为昂贵的彩礼？为何要举行高档的婚宴？过去，人们总是习惯于批评这是爱面子、讲排场。而从博弈论的理论进行分析，这仅仅是一种承诺行动。昂贵的彩礼与高档的婚宴一方面表明了愿意为对方做出牺牲，另一方面也是向外界传递了他们将这段感情看得有多么重的信号，而排斥了潜在的婚姻竞争者，从而限制了自己的选择以承诺自己对爱情的忠贞，也让其承诺变得更为可信一些。

所以，生活中，要让自己的承诺变得可以置信，就要付出一定的行动代价，让你的承诺起到效用。

在古代英国，政府为了限制海盗的猖獗行为，便制定了这样的法律：满足海盗勒索要求的居民将受到惩罚。如果海岸的居民只是对海盗说他们不会给钱，也许海盗们会不相信。但是这法律却断绝了给海盗金钱的后路，使他们的话变得可以置信。那么，海盗知道自己从居民那里会得不到任何的好处的，便用不着来骚扰海岸的居民了。

在博弈中，你可以向对方宣称你会采取某一个策略，这是一种承诺。而如果让对方相信你一定会选择你宣称的策略而不是另有所图的话，那么，你就一定要明确地表达出自己的主张。如果你的态度表现得不很明确，那就很可能让对手还幻想着你会采取其他的策略，从而你也难以达到自己的目的。尤其是对于关系极为亲近的对手，一旦你的策略选定，在面对他们的要求时，你采取其他策略的请求时，一定要善于说“不”，敢于说“不”。

与一些熟悉的人，甚至跟自己关系不错的人进行博弈，当你的决定不符合对方的利益的时候，一方面他们可能会尊重你的选择或决定，但是他们也总是希望你能够采取更有利于他们的决定；另一方面，他们也会想到人们常常不好意思提一些索取利益的要求，那么，你虽然口头承诺某个决定，而实际上会不会是有着另外的目的呢？如果你对自己承诺要采取的决定表达得不是十分坚决，他们也会面临十分为难的境地。

举个简单的事例：男女在求爱的过程中，诸多的误会都是由于未能够明确地表达自己的主张所造成的。一个男孩子爱一个女孩子，或者一个女孩子爱一个男孩子，双方也许会想方设法向对方传递爱的信息，但是这种信息如果传递得不十分明确，那么，对方就很有可能不知道他的真实意图而难以做出决定。所以，如果你爱一个人，就应该十分明确地、清楚地、明白地说出来，遮遮掩掩对双方来说都是十分不好的策略。

同样地，拒绝一个人的求爱也应当十分清楚而明白。如果你总是含含糊糊，会让对方觉得你正在犹豫，也许觉得自己再努力一下就可以了，或者他会猜测这是否是“考验”他而玩的游戏。如果你真的不爱他，也希望他不再自作多情，那么，你就应当明明白白地打消他的念头。这样对他对你，都是最佳的策略。

5. 运用“拒绝信息”：以增加承诺或威胁的可信性

在罗马有一座西佗塔，它的下面有一条小溪，一群青蛙经常在塔下面玩耍。

有一天，一只青蛙说：“我们经常仰望塔尖，不知道什么时候我们也能到塔尖去瞭望一下辽阔的世界？不如我们一起爬上去看看吧!”众青蛙都很赞同，于是它们便呼朋唤友地相伴着往塔上面攀爬。

就这样，爬着爬着，有一只平时很聪明的青蛙说：“我们这是在干吗呢？又干渴又劳累，费这么大的劲儿爬上去，究竟有什么用?”

大家都觉得它说得很有道理，于是一只青蛙便停下来，随后，三只青蛙停下来了，五只、十只，慢慢地，几乎全数青蛙都停了下来。

这个时候，只剩下一只最小的青蛙还在缓缓地坚持着。它不管众青蛙在下面如何鼓鼓噪噪地嘲笑，小青蛙就是坚持不停地向着塔尖爬。

过了很长时间，它终于爬到了塔的最高处。这个时候，所有的青蛙都不再嘲笑它了，而是在内心暗暗地佩服。

原来，这只小青蛙是聋子！它根本就听不到众青蛙的任何议论和嘲笑。

这个故事告诉我们，在博弈局势中，拥有更多的信息不一定是好事情。就像上述事例中的小青蛙，因为它是聋子，听不到众青蛙的任何负面的议论和嘲笑，最终才爬到了塔尖，实现了自己的梦想。

为此，在生活中，我们在必要的时候可以采取“拒绝信息”的策略，赢得主动权。生活中，很多时候，我们采用“拒绝信息”策略，主要是为了强化承诺或者威胁的可信性。比如夫妻之间的博弈，妻子在表明自己强烈要求去看歌剧的态度之后，电话关机，开演前再开机，拒绝联系，很多时候是为了限制不利于自己的信息。

对于博弈的一方来说，如果拒绝某些信息对自己是有好处的，那么，对于另一方来说，让对方知道这些信息就是对自己有好处的。因为一个可置信的威胁要对对方产生作用，必须要让对方获悉该威胁是可以置信的，否则会起不到任何效果。而对于威胁者来说，最好的便是让对方获悉自己的威胁是可以置信的；而对于被威胁者来说，最好是拒绝接受这些信息。比如，一个国家在某个时候阅兵或者军事演习等，其主要目的就是展示其军事实力且向其他国家示威，以警示其他国家不要随意动用武力。而对于其他国家来说，便是对阅兵或者军事演习不予理睬，拒绝接受这些警示信息。

另外，在博弈论中，承诺的本质就在于放弃一些其他可以选择的策略。而交出控制权也是博弈中最为常见的放弃策略。比如你是一家公司的部门经理，你有加薪的权力。这个时候，你属下的员工对你提出加薪的要求，那么，员工就会想方设法让你相信你不加薪他就会跳槽，结果你要不愿意让他离去就只好给他加薪。但是，如果你将加薪的权力交给更上一级的管理者或者总经理，那么，员工便会知道劝说你是无益的，于是，他们也就不会向你提出各种加薪的难题了。

6.“自绝退路，背水一战”：显示出威胁是可以置信的

三国时代的诸葛亮与司马懿在街亭对战时，大将马谡便自告奋

勇要出兵镇守街亭。街亭一战对于蜀魏两国都至关重要，诸葛亮十分谨慎，觉得只有派重要的将军才妥当一些。而马谡又是当时蜀国十分重要的大将，深受诸葛亮的赏识。

当马谡请愿出兵镇守街亭的时候，诸葛亮心中虽然有些担心，但是马谡表示愿意立军令状：若是失败就被处死，诸葛亮才勉强同意他出兵，并且还指派王平将军随行，并交代在安置完营寨之后须立刻回报，有事一定要与王平一同商定，马谡一一答应。可是军队到了街亭，马谡执意扎兵在山上，完全不听王平的建议，而且没有遵守约定将安营的阵图送回本部。等到司马懿派兵进攻街亭，围兵在山下切断粮食及水的供应，使得马谡兵败如山倒，重要据点街亭失守。事后诸葛亮为维持军纪而挥泪斩马谡，并自请处分降职三等。

街亭一战对于蜀魏都至关重要，而且领军的人偏偏又是诸葛丞相十分赏识的人，因为当时街亭失守，整个蜀国就处在危险中，为了安抚朝野上下，不得不将马谡斩首。

马谡正是因为在诸葛亮前立下了军令状，才使自己的承诺得到了诸葛亮的信任，勉强同意其出兵。

在威胁与承诺博弈中，威胁和承诺本身是不可置信的，我们不应该听对手说了什么，而应该看他做了什么。如果对手采取威胁所声称的策略对其本人不利，那么，他的威胁是不可置信的。通过限制自己的某些可选择行动来做出承诺，则可以使一个人的威胁变得可以置信。

而“不留退路，背水一战”，则往往显示出一个人战斗的决心，因而其战斗威胁是十分可信的。就像上述事例中的马谡一般，因为立下了军令状：若是失败就将自己处死。这个承诺对他是极为不利的，若要保全性命，马谡便会竭尽所能，定不会粗心大意，疲于应战，所以，他的承诺则是十分可信的，也得到了诸葛亮的信任，结果却出乎人的意料。

这种方法，在生活中也是极为常见的。

比如说，你想卖一栋房子，有人很想购买，但是你却不肯接受目前的报价。因为他相信你很快就会提出使他更满意的价钱。在这样的情况下，你有什么办法让他相信你不会改变主意呢？

答案便是，你可以拒绝继续谈判，甚至连对方的电话、传真也不接收。用这种切断联系的方式来增加威胁的可信度，从而迫使对方屈服。当然，这期间你也需要及时收集信息，密切关注对方的动向，并且还要把握一个度，因为形势瞬息万变，你不知道在切断联系的这段时间内会发生什么。

同样地，在工作中，你如果想让老板给你加薪，也可以采取这样的策略。关键点就是一定要让老板相信如果不给你加薪，你一定会走人。比如向他证明有一家公司愿意每年花多少钱去请你，无论是否是真的，关键是要让他相信。

这场员工与老板的博弈，以你决策是否要求加薪为起点，接着老板选择要不要为你加薪，假如他不为你加薪，博弈便会继续进行，主要由你决定是留任还是跳槽。

因此，这场博弈有两种可能的结局：只有当老板知道你最后跳槽的时候，他才会考虑给你加薪。因此，必须让你的跳槽威胁变得可以置信。

有意思的是，要是你加薪成功，这场博弈根本就不可能走到跳槽的那一步。不过，你要想成功，必须要让老板相信你会跳槽。博弈的结局往往是可能发生的，但是却会被没有发生的事情所左右。

实现这一点的方法是诸多的，其中一个办法便是，你告诉公司中的所有人，假如老板不给你加薪，你一定会辞职。做这件事情，不要害怕走漏了风声，让老板怀疑自己要跳槽。同时，也千万不要害怕新的工作还没有着落又丢了现在的饭碗，因为从理论上来说，你应该让自己陷入一种处境，那便是假如老板拒绝你，会让你颜面尽失。其实，这种方法便等同于自绝后路，坚决断绝留后路之后，老板就会发现为你加薪会比较好，因为他知道要是你得不到加薪，你便再也没有颜面在公司待了，只好辞职了。

7. 给管理者的建议：施威和承诺都要把握好“度”

在管理中，施威和承诺都是管理者常用的手段。然而，这里面一定要把握好分寸，施威的确可以让员工产生危机意识，从而让他们不得不兢兢业业地工作，但是如果施威过了头，就会让员工觉得无理要求了，一定会愤而炒掉老板的鱿鱼，说不定还会做出其他不利于公司的行为。许诺固然也很好，十分受员工的欢迎，但是，如果许诺兑现不了，言而无信，不但会令管理者失去威信，也会让员工失去工作的热情。所以，不要轻易给员工许诺。

刘伟3个月前被提升为公司业务部的主管，新官上任，势必要做出点成绩来才能让领导放心。于是，上任前一天，便在总经理面前夸下海口，3个月内，一定要让公司的业务量在原来的基础上提升两成。

随即，刘伟为了鼓舞团队的干劲，多次在会议上宣称：“在3个月内，只要大家能够做出成绩，拿到最好的业绩，会给大家提成加上3个点。”这样的承诺果然起到了十分明显的作用，让每个员工都士气大增。到第一个月底，销售额果然有了明显的提升。然而，在大家发工资的时候，却还是按原来的提成点给业务员发工资，这让所有的员工都备感失望。而刘伟也不给出明确的解释，只是说，只要达到一定的销量，不会亏待大家的。

到第二个月，业绩便直线下滑，当刘伟再一次对下属做出承诺的时候，便再也没有人相信他的话了。第三个月，部门的销售业绩还不如原来的好。

上面的这个案例给我们这样的启示：作为一个管理者，当你不能确保为员工提供某些条件时，就不要轻易地许诺。否则，一旦承诺不能兑现，员工就会有一种被欺骗感，会逐渐对管理者失去信任感，进而对企业缺乏忠诚感。

在现实生活中，一些管理者往往有即兴发挥的毛病，一高兴就会给下属许诺，这样做或许是为了拉拢人心，或许就是不负责任地说话，如果下属开始信以为真，后来却发现管理者只不过是随口说说而已，自然就会有一种被愚弄的感觉，还怎么指望员工从心里尊重管理者呢？

而相反地，如果在某些条件下，当初你没有对员工做出承诺，但是却在后期提供了，员工则会有一种被重视的感觉，就会产生一种成就感，自然就会提升对企业的忠诚度。

一个公司的人员如果长期稳定，习惯了过安逸的生活。长年懒散的工作状态，会使员工养成懒散、内向、不与人争的性格，在工作上能混就混，即便有工作任务，也只是敷衍了事，对工作没有任何热情，没有任何成就感。这个时候，管理者就要不失时机地采用一种施威手段，以激发员工的工作积极性。

挪威人大都喜欢吃沙丁鱼，尤其是活鱼。但是市场上活沙丁鱼的价格要比死鱼高出许多。所以，渔民总是会千方百计地想法让沙丁鱼活着回到渔港。但是，虽然经过种种的努力，绝大部分的沙丁鱼还是在中途窒息而亡。但却有一条渔船总是能够让大部分的沙丁鱼活着回到渔港，原来渔夫在鱼槽里放进了一条以鱼为主要食物的鲶鱼。将鲶鱼放入鱼槽之后，因为周围环境的陌生，便会四处地游动。沙丁鱼见到鲶鱼后便会十分紧张，左冲右突，四处躲避，加速游动。如此以来，一条条沙丁鱼便可以欢蹦乱跳地回到渔港，渔夫就是这样利用鲶鱼收获了最大的利益，这便是著名的“鲶鱼效应”。

鲶鱼效应用在管理中，是说管理者可以采取一种手段或者措施。这告诉我们，工作中有危机是件好事情，毫无危机感的部门必须要适当地制造一些危机来督促员工积极地投入工作。

总之，对员工施威还是承诺，都是一门管理艺术。如果处理得当，则公司与员工会相得益彰；而如果处理欠妥，对公司及员工的发展都是极为不利的。

8. 打一巴掌揉三揉：恩威并施显力量

贞观年间，李世民很想修建洛阳行宫，以供考察当地时居住之用。面对此，中牟县丞皇甫德参上书批评说：“修建洛阳宫，一定要向当地百姓收取过多的地租，这是在给百姓增加负担。现在妇女都喜欢梳高髻以示尊贵，这也是宫中传出来的风气。”

唐太宗接到上书后十分气愤地对左右的大臣说道：“德参要国家不向百姓收任何税收，不向百姓征兵役，不让宫中人梳高髻，他不是心怀恶意吗?”盛怒之下，打算给皇甫德参处以诽谤之罪。

侍中魏徵连忙进言说：“从前贾谊在汉文帝时曾说到他可以为帝王痛哭的事有一件，可以为帝王长声叹息的事有6件。自古以来，大臣上书奏忠恳之事言辞往往都是十分激切的，如果不激切，就不可能打动人心。然而，激切的谏言总会给人一种诋毁、诽谤的感觉，所以，我希望皇上如果看到或听到激切的言辞，一定要领会这些忠臣们上谏的实质与良苦用心。”

唐太宗听后，觉得十分有理，说道：“除了你，朝上没有第二个人能够讲出这番话来。”于是，他把皇甫德参叫过来，先就他那疑似“诽谤”的上谏将他狠狠地训斥了一番，随后又赏给他 20 匹帛，还将他提升为监察御史，以表彰他敢于上谏。这一贬一褒，让皇甫德参深感惶恐，既自惭于自己过激的言辞，同时又十分感激太宗的深明大义，从此以后，他对太宗更加信服了。

唐太宗能巧妙地制伏对手，运用的正是“施威与承诺”的艺术。他先将皇甫德参狠狠地训斥一番，以威施他，让他产生危机意识：在以后纳谏的时候注意言辞委婉。同时，又赏给他 20 匹帛，还将他提升为监察御史，以表彰他敢于上谏，并鼓励他以后要多纳谏，向皇上说真话。这一贬一褒巧妙地制伏对手，可谓是一个娴熟无比的博弈高手。

可以说，恩威并施、刚柔相济是管理者的至高境界。在管理中，任何人都会犯错误，有些错误对企业组织的影响甚至是致命的。对待那些犯了错误的人，很多管理者总是会给予严厉的批评，总是认为他们既然在工作中出现了失误，就必须要承担相应的责任。你埋怨他、责怪他，也仅仅是情理之中的事情。但是如果一味地批评、一味地发泄自己心中的不满，只会让对方失去改正的信心，甚至会对管理者心存怨恨，也很容易失去人心。

在领导管理的语境下，恩威并施、刚柔相济是一种作风、艺术、德行和管理的方略。“刚”是指刚正、正直，是管理者的立身之本。无刚难以自立，无刚则无威严，无“刚”就等于无视企业的规章制度，这样的结果只会使企业走向灭亡。“柔”是以利他主义做基础的博大胸怀，宽容别人、尊重别人、以德服人。在管理过程中，一味地“刚”易折，一味地“柔”显弱。如果合理地将“刚”与“柔”结合起来，集用人科学与用人艺术的精髓于一体，融理性与感情为一体，就可以达到理想的管理效果。任何一个管理者要想在社会的管理舞台上演出更生动精彩的“话剧”，使下属对自己更加佩服、贴心，一定要学会合理地运用文武之道、刚柔相济之术。

9. 必要时采取“边缘政策”：故意创造风险，克敌制胜

刘晋在不很繁华的一条街上开了一家蛋糕店。因为位置不是很好，没有什么竞争对手，生意还算不错。但是，好景不长，离刘晋蛋糕店不到50米的一个街道拐角的地方，又有人准备开一家蛋糕店。

刘晋对此很是担心，因为两家蛋糕店都开的话，大家都赚不到什么钱，于是他便向那个要抢他生意的人给予口头警告：如果你敢来我旁边开店，我就疯狂地降价，咱俩“同归于尽”，谁也别想赚到一分钱！

但是这招根本不管用，因为在那个同行看来，刘晋的威胁只是虚张声势，是怕自己抢了他的生意，只是想把他吓走而已，他才不会上当呢。而且那个同行还想：“商人求财不求气。等我的店开张了，难道你真敢用自杀式的降价方式来与我同归于尽？如果我倒闭了，你恐怕也不会好过，这么愚蠢的事情谁也不会干。”所以，同行便对刘晋的警告不予理睬。

这个时候，刘晋便意识到这种口头警告不管用，必须要拿出实际行动，才能阻止同行前来挑战。这个时候，他有两种方法可供选择：第一个办法是扩大生产规模。既然有对手想要进入，那就说明蛋糕店还有市场空间可以发展。刘晋便想着要在对手进入之前大张旗鼓地购买新的设备，招聘新员工，开设新的店铺。如此一来，即便不威胁对方，也要与他打一下价格战。同行也十分明白，如果自己一旦进入，一场惨烈的价格战便不可避免了。因为同行也明白，

刘晋的投资已经花出去了，他要再进来，除了打价格战之外也别无选择。

这个时候，刘晋便将主动权交给了对手，让自己变得没有选择。只要同行进来竞争，他就只有血拼到底。刘晋此时只能进不能退，因此，在博弈论中，这被叫作“边缘策略”。

这样，刘晋的威胁便会奏效，同行不由得震惊：“难道他疯了不成?”此时，同行便相信刘晋的威胁是真的，只有知趣地离开。这是一条可信度极高的威胁策略，往往能改变结局的走向。

但是，对于刘晋来说，如果他不愿意降价，也暂时无法扩大规模，那么他还有另一个边缘政策可以用，也足以吓跑对手。可以随便找个人来打赌；如果同行敢过来与他竞争，他保证会疯狂降价，且不惜代价，如果他做不到，他就输给这个人一大笔钱，并且这笔钱比他疯狂降价带来的损失还要大，或者干脆将自己的蛋糕店白白地送给这个人。

这可谓是一个“豪赌”。然后，刘晋要做的便是想尽各种办法将这场豪赌搞得沸沸扬扬，满城风雨，最好还能到公证处去公证一下。此时刘晋算是骑虎难下了，连后退的机会也没有了，同行看到这个情况，知道刘晋完全“疯”掉了，只能知趣地离开。这样做的结果便是，不花一分钱却能赢得最终的战争，还成功地将同行吓得逃之夭夭。

上述事例中，刘晋采用的便是“边缘策略”：故意制造风险，自绝退路，将主动权交到对方手中，从而迫使对手不得不依照自己的意愿去行事，以最终化解风险。也就是说，边缘策略的目的便是通过改变对方的期望去影响他的行动。

其实，在战争中，也有类似的情况。楚汉战争中，韩信的“背水一战”便是经典的军事案例。在战争中，军队会“自断退路”，将军队逼到万丈悬崖边，向对手发出“有进无退”的决心：我方连退路都没有了，只有死拼到底，你是战还是撤，自己看着办吧！关于此，曾任美国国务卿的杜勒斯便提出：“美国不怕走到战争的边缘，但是要学会走到战争的边缘，又不卷入战争的必要艺术。”他的这种主张被称为“战争边缘政策”。

其实，“边缘政策”是一个充满危险的微妙的策略，通过你故意制造风险，将你的对手带到灾难的边缘，从而迫使他撤退妥协。假如你想成功地运用这个策略，“一个人情愿并能够将高度危险的局势推到极限而不是退避”，那一定要时刻保持清醒：你最终目的是逼退对手，而不是共同毁灭。

10.“边缘政策”的运用：由“对立厮杀”到“合作双赢”

我们知道，“边缘政策”是一个极为危险的博弈策略，你故意制造的风险，必须要达到逼退对手才是。那么，采取“边缘政策”的时候，是否存在这样的一条边界线：在这一边是安全的，而落到另一边则会遭受巨大的损失或者灾难呢？

实践经验丰富的本土培训师郝志强曾讲过这样一个经典营销案例。

在某个省的省会城市，移动和联通信号的比例是3∶1，移动在价格上主要采用的是紧跟策略，它只比联通贵一点点，联通一降价，移动便会立即跟随。

有个批发市场是整个城市的卡号销售中心，它就在移动公司的楼下。于是，移动公司便强令所有的档口只能够卖移动的卡，而不许卖联通的卡。联通在当地市场的占有率节节下降，目前已经是1∶

5 了。

为此，郝志强便为该地的联通公司支了一招：博命营销。

联通将价格降低一角，如果移动跟着降了，那联通便会再降低一角，一直降到移动不敢跟为止，降到消费者像疯了一样地买联通的卡号为止。到那个时候，联通是亏损的，跟着降价的移动一定是亏损的。如果联通一年亏损 1 个亿，以移动的占有率，将亏损 4 个亿。如此下去，移动便会量力而行，不会随意跟风了。

这确实是一个极为高明的策略，如果联通采取这个策略，一场价格战必将爆发。实际上，这也是联通可以采取的一个边缘策略。如果联通公司有足够的勇气，那么，就会如郝志强所预测的那样：让移动公司主动来请求联通进行求和谈判。

也就是说，双方在经过一番刀光剑影的恶战之后，就会像著名的经济学家罗伯特·约翰·奥曼在其诺贝尔颁奖仪式上所说的那样：很多人认为战争是非理性的结果，实质上战争是理性行为的结果，是战争发动者在追究自身利益最大化条件的一种理性选择。从短期来看，博弈双方在一次博弈中会存在冲突，但是从长期来看，重复博弈之后，冲突双方都会愿意走向合作。比如，冷战时期美苏之间存在的冲突，在长期的博弈之后，最终走向合作。在经济活动当中也一样，交易双方在重复博弈之后，会从非合作博弈走向合作博弈，达到双赢。

这也告诉我们，在边缘政策中，双方并不存在一个十分精确的临界点或者边界线：在这一边是安全的，而落到另一边则会遭受巨大的损失或者是灾难。人们看见风险以无法控制的速度逐渐地增长。理解边缘政策的关键就在于，其中的“边缘”并非是一座陡峭的悬崖，而是一道光滑的斜坡，它是慢慢变得越来越陡峭、越来越危险的。

其实，在生活中，我们也可以对此策略加以运用，故意制造出一个在对方看来是十分糟糕的结局的风险，以迫使对方妥协。

11. 控制“危机”，别让“边缘政策”滑向两败俱伤的局面

公元前299年，楚怀王被秦国扣留做人质。楚怀王曾经从秦国国都咸阳出逃，到了赵国，赵人不敢收留，又一次逃亡到魏国，最终还是让秦军抓回了咸阳。

当时的楚国群龙无首，大臣们很是焦虑。最终，无奈之下，便请求齐国释放在那里做人质的楚太子横，让他回楚继承王位。而齐王便趁此机会狮子大开口，以500亩土地换太子相要挟，这让太子横很为难，这时，他身边的谋士说：“先答应齐国的要求，其他的事情之后再商量。”

太子横随即答应了齐国，回到楚国顺利继承了王位，即顷襄王。齐国便紧接着派人来索要500亩土地了。在火烧眉毛之际，楚国大臣议论纷纷，大臣子良献计说：“先把土地割给齐国，然后再派兵去夺回来，让其看看我们的实力！”

另一位大臣常召说：“土地是国之根本，不能割让土地。宁可抛头颅洒热血，也应该保卫土地。”

这个时候，大臣子慎便不慌不忙地说道：“他们的意见都有各自的道理，不妨兼并采纳。”于是，顷襄王便让子良到齐国去献地，让昭常负责守卫那片国土，而让景鲤去秦国搬救兵。

子良到齐国请齐王派官员去接管土地，然而齐王派来的官员却被昭常赶了回去。齐王责怪子良，子良回答说：“楚王确实同意割让土地，昭常却不同意，是违背国君的命令，请齐王派兵攻打他吧。”

正在齐王要领兵伐楚之际，景鲤请来的50万秦军兵临齐境，齐王被迫放了子良，派使者到秦国求和。这样，楚国既避免了战争，又保住了国土。

这个故事告诉我们，在与敌手进行博弈的时候，要达到使对方退让的目的，不仅仅要发出威胁，还要制造危机，要让危机使事情超出自身的控制，一定要给对手传达这样的信息：这么做不是我所愿意的，已经完全超出了我的能力范围。就算是大家兵戎相见，甚至同归于尽也是没办法的事情。这样才能让对方感到害怕，然后退缩！

但是，需要注意的是，正是因为危机已经超出了自身的控制，边缘策略用不好就会走向“两败俱伤”的局面。就像上述事例一样，如果齐国当时国力强大，远远地超过了楚国和秦国，那么，齐国便不会退缩，毅然出兵，与楚国和秦国的救兵决一死战，最终出现两败俱伤的局面。

所以，在运用边缘政策的时候，一定要注意以下几个原则。

1. 你所制造出的这个危机一定要表现出已经不在自身的能力控制之内，而且还要超越对手的承受范围，否则就很难让对手感到害怕和退让。

2. 我们制造出的危机一定要让对手可以做出事情来进行弥补，也就是说，这是一个光滑的斜坡。一旦进入，我们便再也无法控制，但是让对方明白，这不是悬崖，如果你肯退让、肯主动修好，还是有挽救的机会的。而如果对手没有挽回的余地，最终只能玉石俱焚了。

总之，在运用“边缘政策”的时候，我们一定需要密切去关注结果，结果是最为重要的，我们所有的行动都是为结果服务的，这样才可以做到某种程度的暗示，就是激励对手沿着自己预想的进行。

12.“赏罚”有原则：何时该赏，何时该罚

罗伯茨是极为著名的海盗王。有一次，他带领海盗们在海上抢劫一艘大商船的时候，遇到了商船上官兵的拼死抵抗。因为对手的英勇与船上猛烈的火力，海盗船上的海盗死伤过半。

这个时候，罗伯茨才发现，船上的一些同伴已经很想投降以求苟活了，正值需要拼死抵抗的时候，如果有一个同伴投降，势必会带动所有的同伴都去投降，那么，作为海盗首领的罗伯茨将必死无疑。这时，如果再利用海盗船上严酷的盗规［即背叛（投降）者将被扔到海中喂大鲨鱼］去约束海盗们，那么，必将逼迫海盗们投降对手。

在海盗休整的时候，海盗王罗伯茨想出了一个能鼓舞士气的方法：他指着一个在战斗中已经失去一个胳膊还要拼命去战斗的人，拍着他的肩膀说：“其实，在几次战斗中，我一直在注意你，可以说，你是整个队伍中表现得最勇敢的人！现在，我们马上就取得胜利了。那条大商船上的财宝有我的一半，就有你的一半。而在我的另一半中，也有兄弟们的一半。”这句话说出后，所有的海盗顿时有了劲头，拼死抵抗，最终打败了对手，顺利获得了宝藏。

海盗王罗伯茨的举动是极为明智的，在海盗们拼死与商船抵抗的时候，他知道再运用盗规去威胁他们，势必会逼迫海盗们集体投降，以求保命。但是当他运用“奖赏（承诺）”时，则鼓舞了海盗们作战的士气，顺利地打败了官兵，获得了利益。

这个博弈告诉我们，奖赏（承诺）和惩罚（施威）二者的作用各有其侧重点，在管理中，也不是随便可以胡乱用的。奖赏（承诺）主要是用于对他人的激励机制，而惩罚（施威）则是纠正机制。作

为管理者而言，你如果想要引导别人自觉去体现自身的价值，为事业奋斗竭尽所能，用奖赏则是最好的方法。但是，在资源极为有限而且存在利益冲突的博弈中，要想使自己的一个施威对很多人产生效用，用奖励的方法则是无法实现的，就应该用惩罚。在此情况下，那些犯规的人因为惮于受到直接或者间接的惩罚与制裁，从而必定会采取合作的态度。尽管惩罚对他人的威慑力比奖赏的作用要强得多，但是如果要用一种惩罚的威胁来制伏多个人，就必须要采用特殊的威胁手段去制伏他人。

在《三国演义》中有这样一个精彩片段。

在京都洛阳，司徒王允满面喜色匆匆上朝。他已经得知董卓的军队已经被袁绍盟军战败，勤王之师已经兵临城下，破城在即，董贼灭亡指日可待，汉室复兴有望。王允兴冲冲地想把喜讯禀报汉献帝，不料到了承天宫，大殿内外甲士林立，杀气腾腾。王允整冠纳履，惶然入内，心知事起骤变。

只见9岁的汉献帝战战兢兢地坐在龙座上面，百官便屏息缩首。只有董卓披甲仗剑，像真正的帝王那样在丹陛上昂首踱步，董卓朝百官喝道：汉都洛阳历经两百余年，气数已尽。吾观帝气旺于长安，定于今日吉时奉驾西幸，众卿立刻促装起行吧！……百官们大惊失色，董卓为了躲避盟军的灭顶之祸，竟然要强行迁都，而且是说走就走！几个臣子冒死进谏，有说："赤眉兵戈已将长安化为一片断壁颓垣，如今西迁，犹如弃宫室而就瓦砾，万万不妥！"有说："京都乃国之命脉，无辜离宗庙、弃皇陵，定使朝廷大乱，百姓沧难。关天大事，盼宰相慎重！"……但董卓非但不为所动，而且怒斥进谏者："吾为天下，岂惜小民？尔等勾通袁绍，图谋不轨！"片刻间，那几个臣子当场被甲士劈翻，血溅丹陛甚至溅到百官身上！

董卓却格外亲切地询问他们：众卿还有何建议？百官噤若寒蝉，

恐惧无言。两个部将上前，把汉献帝像小鸡那样拎起来，一直拎出宫外，塞入龙辇。

古人说，要取信，罚不如赏；要立威，赏不如罚。也就是说，要取得他人的信赖，就要采取奖赏策略。而要实现有效的威胁，使对手或者“敌人”屈服，就要使用罚。董卓希望每个官员都能听命于他，而不会做出冒犯他的举动。为了让谏臣们害怕，董卓就必须以惩罚来威胁他们，当众以狠招来杀害冒犯他的谏臣相威胁，就能震慑所有的人。

董卓杀一儆百的事例告诉我们，以一个威胁制伏多人的成本可能并不高，关键就在于设计出一个巧妙的机制，利用对手潜在的利益和风险的心理预期，破解他们之间的合谋。如果能够做到这一点，那么，你就不必将威胁付诸实践，就可以使他们屈服。

第十五章

要挟与依赖博弈：

制人与摆脱受制于人的策略

1. 要挟与依赖：如何掌控位高权重的下属

尉迟敬德很早就跟随李世民英勇作战，为唐朝的建立立下了汗马功劳。唐太宗即位后，就将尉迟敬德列为凌烟阁二十四功臣之一，以彰其功。

唐太宗即位后，尉迟敬德仰仗自己是有功之臣，便自傲不羁、骄傲放纵，还经常盛气凌人。他的很多行为都招致了同僚们的不满，有人甚至告他有谋反之心，唐太宗对此并未轻信，将他找来询问真假。

尉迟敬德这样回答："臣跟随陛下周游四方，身经百战，有幸能够在无数的刀剑下逃生出来。现在天下终于太平，你觉得我们这些人还会再将自己置于刀剑下吗?"说完后将自己的衣服脱下扔在地上，露出身上的累累伤痕，唐太宗见状感动得直掉眼泪，连忙好言安慰了尉迟敬德一番，这才平复了他。因为李世民明白，天下刚刚建立，江山还不稳固，百废待兴，正值用人之际，在此时，最忌讳的便是杀功臣，以让君臣分心，无法同仇敌忾。

然而尉迟敬德骄傲不羁惯了，平时骄纵成性，一时也很难改。

有一次，唐太宗大宴群臣，尉迟敬德与在座的人争论谁的功劳最大，不料与李道宗发生口角。一时性起，他殴打了李道宗并弄瞎了对方的眼睛。李道宗是李世民的叔父，唐太宗看到尉迟敬德如此无礼，十分不悦，下令草草结束了宴会。

李世民亲眼看到尉迟敬德在酒宴上行凶，回到寝宫后，长叹一声。随侍的人问他为何叹气，李世民深有感触地说道："我之前总是不能理解汉高祖为何在即位后要大肆屠杀功臣。我想，天下都是那些功臣打下来的，为何不能与他们共享荣华富贵呢？当时我就想，如果有一天我成为帝王，一定不会像刘邦那样，我要与一起打天下的功臣共荣辱，肝胆相照，绝不猜疑他们。如今看来是我一厢情愿，我现在才明白汉高祖狠心将韩信与彭越等人杀害，并非是高祖的过失呀！”

这番充满杀机的话很快就传到了尉迟敬德等人的耳中，使尉迟敬德与那些平时喜欢居功自傲的大臣浑身冷汗，这才意识到自己终究只是臣子，功劳再大也不能做出违规越礼的事情。从此以后，他们的行为大为收敛，不再仗势欺人，尉迟敬德更是足不出户，只在家养些歌女，安度晚年。

尉迟敬德与李世民之间的博弈对局，十分典型地说明了博弈论中的“要挟与依赖”的问题。

唐太宗李世民在依靠尉迟敬德打天下之时，正值用人之际。当年尉迟敬德的英勇善战正是李世民所需要的，当时也是李世民的依靠之一。在他需要的时候，李世民当然会将之抬得很高，拜他为大将，并在天下稳定之时，也对他的“放肆”行为给予安抚。

为避免失去对尉迟敬德的控制，唐太宗便采取了两方面的策略：一是为表其功，将之列为凌烟阁二十四功臣之一，给予重视。就相当于与一个有垄断地位的供货商签订了长期合同；二是放出刘邦杀功臣的话来警示他，让他认识到自己终究是臣子，功劳再大也不能够做出违规越礼的事情。相当于随时可以打破供货商的垄断地位，以确保对方不会提出无法承受的价格。

以上的两个策略，便有效地控制住了尉迟敬德。对于尉迟敬德而言，最终选择了忠于唐太宗，恪尽人臣之礼，这绝不是由于尉迟敬德是“胆小鬼”，而是因为他判断自己如果放肆下去，定会成为刘邦手下的韩信，被杀害。

这个事例也告诉管理者，要驾驭位高权重的下属，就要采取两个策略：一是给其提供有足够吸引力的利益；二是逐渐地夺回他手中能够要挟到你的权位，或者给予超越他承受范围的要挟，让他乖乖就范。

2. 将“期望价值”当“诱饵”，以征服他人

有这样一个笑话。

在一条幽静的街道上，每天都有个男子在附近ATM自动取款机的小房间里熬夜看书。

有一天，警察来到这里巡察，看到男子在ATM自动取款机中站了很久都没有动，就起了疑心，便走过去想看看对方究竟在干什么。只见男子拿着书，聚精会神地看。

警察便问道：“你在这里干吗呢?”

男子说：“看书!”警察问：“为什么要来这里看书呢?”

男子说：“当我看不下去的时候，我就会将银行卡插进去看看余额，就有动力接着坚持看下去了。”

男士在ATM自动取款机前将卡插进去看看余额，便是读书的期权价值。生活中，我们通过尝试各种奖励当“诱饵”督促自己学习，比如给自己买礼物、珠宝甚至度假等，都不如这种方法的效果明显。古人通常用“书中自有黄金屋，书中自有颜如玉，书中自有千钟粟”的话来激励自己读书，这些名言，对于古代的读书者来说，也是具有“期权价值”的。

在20世纪初期，美国的通用电气公司在纽约州施奈克特迪市的工厂里生产的一台电机出现了故障。当时，没有任何人能够找出修好它的办法。于是，公司便与著名的电气工程师施泰因梅茨取得了联系。

施泰因梅茨仅仅用了几天的时间便对此台机器进行了全面的检查，并且还查看了所有的有关图纸。当他离开后，通用电气的工程师们发现，在发电机的外壳上有一个用粉笔写成的大大的“X”。这是施泰因梅茨留下的一个标记，主要用以指示通用电气的工程师们从哪里打开机箱，并拆除钉子上的一些线圈故障。最终，发电机如人们所料想的那样开始正常地工作了。

后来，在谈及有关修理费用的时候，施泰因梅茨考虑了一下，就提出了在当时看来相当令人震惊的天文数字——10000 美元。这个数字差点儿让通用电气的会计师们晕倒，于是，他们便要求施泰因梅茨提供明细的账单来证实收费的合理性。当账单寄过来的时候，上面只是列出了两条：粉笔标记“X”值 1 美元；而知道应该在哪里标记“X”值 9999 美元。

其实，这里的 9999 美元就是能够画出这条线的施泰因梅茨的期权价值，也是只有他才能够开出的价码。他以“期权价值”相要挟，获得了十分可观的利益。

生活中，类似的事例有很多。比如，我们刚刚到一个新的地方生活，对所有的一切都充满了憧憬，于是，更愿意结交新的朋友、接触新的事物、到新的饭店去吃饭，就是因为它们对我们来说具有“期权价值”。如果我们通过尝试交往和试吃，发现朋友或者餐厅确实不适合自己的口味，那么，之后你便不会再来。但是，如果发现对方很符合自己的口味，那么就会继续下去。

3. 画饼也可以充饥：巧妙利用“无中生有”获取成功

很久很久之前，在美国一个农村住着一个老头儿，他有3个儿子。大儿子、二儿子都在城里工作。老头便与小儿子住在一起，相依为命。

突然有一天，一个人找到老头，便对他说道：“尊敬的老人家，我想把你的小儿子带到城里面去工作。”老头子很是气愤地说：“不行，绝对不行，你滚出去吧！”这个人说，“如果我在城里给你的儿子找个对象，可以吗?”

老头子再次摇了摇头说：“不行，快快滚出去吧！”

这个人又说道：“如果我给你儿子找的对象，也就是你未来的儿媳妇是石油大王洛克菲勒的女儿呢?”老头便又想了想，终于被让儿子当上洛克菲勒的女婿这件事情给打动了。

过了几天，这个人便找到了美国首富石油大王洛克菲勒，便对他说道：“尊敬的洛克菲勒先生，我想给你的女儿找个对象。”

洛克菲勒说：“快滚出去吧！”

这个人又说道：“如果我给你女儿找的对象，也就是你未来的女婿是世界银行的副总裁，可以吗?”洛克菲勒便同意了。

又过了几天，这个人便又找到了世界银行总裁，对他说：“尊敬的总裁先生，你应该马上任命一个副总裁！”

总裁先生摇头说：“不可能，这里这么多副总裁，我为什么还要任命一个副总裁呢？而且是马上?”

这个人说：“如果你任命的这个副总裁是洛克菲勒的女婿，可以吗?”总裁于是同意了。于是这个穷小子就成为洛克菲勒的女婿加世界银行的副总裁。

在这个故事中，这个小伙子本身没有能力，但是，通过巧妙地“搭桥牵线”，便身价暴涨。在这期间，那个搭桥牵线的人，其实一直在“画饼”充饥，即利用“期权价值”，最终达到了一箭双雕的目的。生活中，我们也要学会能够巧妙地利用“期权价值”，将“画饼”变成充饥的“真饼”，以达到最终的目的。

在穷小子的父亲那里，搭桥的人巧妙地利用“洛克菲勒未来的女婿”这张“画饼”得到了带小伙子进城工作的权利。而在洛克菲勒那里，他又利用“美国银行副总裁”的“画饼”交换到了“洛克菲勒的未来女婿”这样一个“真饼”，最后一步自然就更为简单，只需从洛克菲勒那儿得到的“真饼”将“副总裁”的“画饼”变成真的，这个计划便取得了成功。

中国人自古就有“望梅止渴”、“画饼充饥”的故事，用来比喻虚幻的空想也可以达到有效的目标。然而，如果你懂得博弈论的话，也完全可以在生活中故意利用“无中生有”来实现自身的目标。

4. 把握时机，巧变劣势为优势

一位犹太富商将儿子送到国外去学习，在临死的时候，因为儿子不在身边，便留下了遗嘱，上面这样写道：家中所有的财产全部归总是帮他打理财务的大管家。但是，财产中如果有哪一件是儿子想要的话，便可以转让给儿子，但仅能够有一件。

这位富商死后，家中的管家便幸运地得到了很大一笔财富，他很是激动和高兴，便连夜给富商的儿子报丧，并将老人立下的遗嘱拿给他的儿子看。儿子看了十分惊讶，也非常痛心，没想到，在父亲心目中，他的地位还不如家中的一位管家。

儿子很是痛心地在神父面前哭诉。神父听罢，便微笑着告诉他说："这是你父亲为你设置的保护你财产的最好的办法。因为你的父亲很清楚，自己如果死了，儿子又不在身边，管家便可能会带着财产逃走，连丧事也不报告给你。所以，你父亲才会出此下策，先将全部财产留给家中的管家，这样管家便会将财产保管得好好的，而且还会急着去给你报信。"

年轻人仍旧疑惑地说："那财产不是最终留给管家了吗？"神父笑着说："你只要再选那个管家再做管家就行了，管家的财产属于主人。"

年轻人这才恍然大悟，终于明白了父亲的良苦用心，接着便仍旧让那个管家帮自己打理财富，便获得了全部的财产。

其实，在犹太富商的遗嘱中留下了优势转换的装置。根据遗嘱的内容，表面上看似是管家得到了财产，管家却始终完全处于儿子的管控之下。

其实，一些高科技类企业内部的技术工人经常要求老板涨薪水，也就是进行这种博弈。

比如某家知名企业内部一个软件工程师每月为企业创造的收入为 100 万，其中成本投入为 20 万，也就是说，企业每月从这个软件工程师身上获利为 80 万元。但是，如果这个软件工程师要求企业管理者加薪，否则就以罢工相要挟。在这样的情况下，利润会发生怎样的变化呢？

如果这个员工没有专业技能，而且市场上后备劳动力也十分充足，那么，老板只要新雇用一批人来做罢工员工的工作就完全可以了。这样一来，他就不会受到罢工的要挟。

但是，罢工者刚好是软件开发工程师，是专业的科技人员，只要他罢工，公司软件开发部门就必然要停工，企业每个月的损失约为 100 万元。如果其成本中的 20 万元都用来支付工资的话，那么，公司实际上的损失为 80 万元。而如果管理者给工程师提升工资为每月 30 万的话，那么，为公司带来的利润为 70 万元。如此算来，软件工程师便可以利用人为的垄断地位去要挟公司的老板。

由此，我们也可以得出这样的结论：一家企业对员工支付的薪水在成本中所占的比例越低，罢工所导致的损失就会越大。尤其是在一些高科技公司中，当昂贵的机器必须依靠少数几个员工来操作，而且没有人可以取代他们时，这些员工就对公司造成了强大的要挟力量。

所以，对于一些技术密集型企业来说，他们对员工罢工要挟的抵抗力特别的弱：一方面，罢工使其成本增大到极点，从而导致昂贵的资产闲置下来；另一方面，它又极难找到合适的技术人才来替换这些罢工者。

在这样的情况下，这些公司的员工就有了能伤害到公司的武器，可以要求高薪并且经常能够成功。这实际上也从另一个角度解释了为什么这一类公司的员工薪水普遍比较高。

5. 如何避免被突如其来的对手“吃定”

在一次聚餐宴会上，一位男子带着他的女朋友出席，对方是个娇滴滴的小女生，很喜欢在男友面前撒娇、耍赖。男子看起来也很爱她，于是，就在用餐的过程中不停地给她夹菜。

女孩则总是不高兴地说：“别给我夹了，这个菜我不爱吃！”一连夹了几次，女孩都很不高兴地将菜又夹给了男孩子。

这个时候，旁边的一位男士看不习惯了，叹了口气说道：“哎，唯女人与小人难养也！孔老夫子的这句话说得实在不假！”

女孩听了，便也不慌不忙地笑着说：“啊，我明白了，原来我们是同类人啊!”

那个男士顿时哑口无言，接不上话来。

这个故事说明，在刺刀见红的博弈战斗中，要想很好地保护自己，不能够依赖别人的善良，而是要依靠自己，要不被恶所要挟。达到这个目的，我们需要用高明的策略或者制伏他人的弱点去套牢或者制服那些能要挟你的人，使他们无法从中脱身。

清人沈太侔的《东华锁录》记录了这样一个故事。

清朝雍正乾隆年间，朝廷为了进一步巩固政策，便屡次大兴文字狱。当时被禁的书有很多种，吕氏家族中的吕留良在其作品中提及了“华夷之辨”，于是成为禁书，而连其所著的《天盖楼》主要讲述文章如何引用四书五经，也一并被禁止。

到了嘉庆年间，一名穷秀才经过寒窗苦读，终于在乡试中考取了第一名的成绩。同他一起读书的一位同窗因为落考，便颇为忌妒，于是，便对审考老师揭发他说，我那位穷同窗的考卷中引录了吕氏《天盖楼》的句段，主考官听罢之后，顿时大惊失色，便急忙将那位穷秀才传来，并且还亲自审问。

主考官开头就怒气冲冲地问道：“你的试卷中引用《天盖楼》中的词句，你该当何罪?”

不料，这位穷秀才不慌不忙地答道：“大人怎么知道我的试卷中引用了禁书中的文字呢？难道大人也曾熟读《天盖楼》吗?”

这让主考官大惊失色道：“《天盖楼》是禁书，本官是无论如何也不会看那种书的！更不可能熟读了！本官传你问话是因为有人举报你的试卷中引用了禁书中的文字，这是我的职责，我不得不亲自审查。”

穷秀才说道：“是哪位举报我引用禁书文字呢？可敢叫来与我当面对质?”

主考官无奈之下便将那位举报他的考生叫来。

穷秀才便当面问道："你怎么得知我试卷中引用了禁书中的文字？难道你曾经熟读《天盖楼》吗？"

那位恶意举报的同窗顿时吓得面色苍白，嗫嚅半天却说不出一句话来。他这才明白，如果穷秀才的试卷中如果真的引用禁书中的文字，非将自己卷进去不可。接下来，连连低下身向穷秀才道歉，并向主考官承认此举是忌妒心所使。

穷秀才面对同窗好友的恶意要挟，抓住了好友话语中的弱点，从被要挟的地位转化为要挟，可谓极为明智。生活中，我们总是会被迫依赖他人，潜在的要挟也在所难免，有时候，依赖还是十分有必要的，有些则是我们自愿选择的。不过，每当面临可能的要挟时，一定要考虑清楚，问问自己，在这种局面中，我们能够有多大的回旋余地可以摆脱它。